北大港鸟类图鉴

U0158296

主编

张正旺　　石会平　　尚成海

副主编

郭冬生　　雷维蟠　　莫训强

吴　鹏　　毕玉波

海洋出版社

2021 年 · 北京

图书在版编目（CIP）数据

北大港鸟类图鉴 / 张正旺, 石会平, 尚成海主编；
郭冬生等副主编. -- 北京 : 海洋出版社, 2021.11
ISBN 978-7-5210-0841-8

Ⅰ. ①北… Ⅱ. ①张… ②石… ③尚… ④郭… Ⅲ.
①鸟类—天津—图集 Ⅳ. ①Q959.708-64

中国版本图书馆CIP数据核字(2021)第229764号

《北大港鸟类图鉴》

责任编辑：高朝君
责任印制：安　淼

海洋出版社出版发行
http://www.oceanpress.com.cn
北京市海淀区大慧寺路 8 号　邮编：100081
北京中科印刷有限公司印刷
2021年11月第1版　2021年11月北京第1次印刷
开本：889 mm × 1194 mm　1 / 32　印张：10
字数：246千字　定价：98.00元
发行部：010-62100090　邮购部：010-62100072　总编室：010-62100034
海洋版图书印、装错误可随时退换

《北大港鸟类图鉴》编委会

主　编

张正旺　　石会平　　尚成海

副主编

郭冬生　　雷维蟠　　莫训强　　吴　鹏　　毕玉波

编　委

（按姓氏音序排序）

柴子文　　常雅婧　　程　龙　　窦华杰　　范春斌

高晟贤　　高相艳　　郭宝平　　孔文亮　　李国艳

李　莉　　李　帅　　李秀仙　　李　珣　　刘　健

刘　金　　刘培翔　　刘　勇　　罗　军　　马井生

年爱军　　宁　浩　　阙品甲　　沈　岩　　孙宝年

孙洪义　　孙家兴　　孙晓宁　　田翠杰　　王　斌

王凤琴　　王　晖　　王建华　　王玉良　　王玉强

吴英博　　伍　洋　　许　静　　薛嘉祈　　阳积文

姚庆峰　　姚士新　　叶　航　　张建志　　张　凯

张铁山　　张欣达　　张　鑫　　郑秋旸　　周德敏

朱冰润

图片作者

（按姓氏音序排序）

陈林	陈默	陈建中	丁华	董义
冯立国	冯启文	付聪	高宏颖	高友兴
辜位廉	关翔宇	郭冬生	郭玉民	海伦
韩政	黄瀚晨	胡敬林	江航东	礁石
孔德茂	李俊健	李明本	李全民	李汝河
李显达	李振英	李宗丰	梁长久	蔺洪军
刘滨	刘宇	刘建国	刘立才	刘喜同
龙文兵	罗义华	马井生	莫训强	年爱军
阙品甲	桑新华	沈岩	宋爱军	孙晓明
唐士清	王凤江	王建华	王建民	王榄华
王兴娥	王尧天	王宜民	王玉良	魏东
吴福星	肖恒君	肖显志	徐永斌	杨恩国
张守栋	张守玉	张小玲	赵洪顺	赵俊清
赵淑芬	郑秋旸	朱冰润	Adrian Boyle	

前 言

PREFACE

　　天津市北大港湿地自然保护区（以下简称"北大港湿地保护区"）位于38° 36′— 38° 57′ N，117° 11′—117° 37′ E，总面积34 887 hm²，地处渤海湾西部，天津滨海新区东南部，包括北大港水库、独流减河下游、钱圈水库、沙井子水库、李二湾及南侧用地、李二湾河口沿海滩涂。其中，北大港水库是华北地区最大的平原型水库，库区东面与津歧公路相隔1km，西面通过马圈引河经马圈闸与马厂减河沟通；东南部隔穿港公路与大港油田毗邻；北侧与独流减河行洪道右堤相连。

　　北大港湿地保护区在维持迁徙水鸟的生态安全方面具有举足轻重的作用。北大港湿地保护区由于其独特的地理位置和适宜的地形地貌，是众多水鸟适宜的迁徙中停地和繁殖栖息地，是东亚—澳大利西亚迁徙路线上的重要驿站，对该栖息地的保护直接关系到东方白鹳、遗鸥等数百种候鸟的迁徙和繁衍。为了加强对北大港湿地鸟类的了解与保护，北京师范大学、天津市北大港湿地自然保护区管理中心在原天津市野生动物保护管理站、保尔森基金会、阿拉善SEE基金会等单位的资助与支持下，组织进行了鸟类名录的整理与编写。

本书内容主要依据北京师范大学生命科学学院张正旺教授研究团队十余年的调查数据和北大港湿地保护区的历史记录，并结合近年来观鸟爱好者的观鸟记录形成的。本书的出版离不开众多鸟类摄影师、观鸟爱好者以及诸多研究生的热心帮助，谨致诚挚的谢忱！

限于水平，书中错误和不当之处望请批评指正。

编　者

2021 年 11 月

于北京师范大学生命科学学院

使用说明

INSTRUCTIONS FOR USE

① 本图鉴使用的分类系统参考郑光美先生主编的《中国鸟类分类与分布名录》(第三版)。

② 本图鉴共收录在天津市北大港湿地自然保护区分布的鸟类276种。按照本书采用的分类系统,确定了这些鸟类所在的分类地位(目、科、属、种)。对每种鸟类按顺序给出了如下信息:

(1)中文名;

(2)拉丁学名;

(3)英文名。

③ 本图鉴将鸟类的居留类型分为留鸟、夏候鸟、冬候鸟、旅鸟和迷鸟5种类型。各类型的含义如下。

留鸟(resident):是指全年在该地理区域内生活,春季和秋季不进行长距离迁徙的鸟类。

夏候鸟(summer visitor):是指春季迁徙来此地繁殖,秋季再向越冬区南迁的鸟类。

冬候鸟(winter visitor):是指冬季来此地越冬,春季再向北方繁殖区迁徙的鸟类。

旅鸟（passage migrant）：是指春季和秋季迁徙时旅经此地，不停留或仅有短暂停留的鸟类。

迷鸟（包括偶见种）（vagrant visitor）：是指迁徙时偏离正常路线而到此地栖息的鸟类。

❹ 本图鉴的鸟类保护等级依据国家重点保护野生动物名录和世界自然保护联盟濒危物种红色名录。

Ⅰ：国家Ⅰ级重点保护鸟类。

Ⅱ：国家Ⅱ级重点保护鸟类。

三：国家保护的有重要生态、科学、社会价值的陆生野生动物。

CR：极危（critically endangered）；EN：濒危（endangered）；VU：易危（vulnerable）；NT：近危（near threatened）；LC：无危（least concern）。

其他缩写：L为体长（body length）。

目 录

CONTENTS

天津市北大港湿地自然保护区生态环境概况

鸟种描述

鸡形目
GALLIFORMES

.... 012

雉科 Phasianidae ············ 012

　1 鹌鹑 ·························· 012

　2 环颈雉 ······················ 013

雁形目
ANSERIFORMES

.... 014

鸭科 Anatidae ············ 014

　3 鸿雁 ························ 014

　4 豆雁 ························ 015

　5 短嘴豆雁 ···················· 016

　6 灰雁 ························· 017

　7 白额雁 ······················ 018

　8 小白额雁 ···················· 019

　9 斑头雁 ······················ 020

　10 雪雁 ······················· 021

　11 疣鼻天鹅 ···················· 022

　12 小天鹅 ······················ 023

　13 大天鹅 ······················ 024

　14 翘鼻麻鸭 ···················· 025

　15 赤麻鸭 ······················ 026

　16 鸳鸯 ························· 027

　17 棉凫 ························· 028

　18 赤膀鸭 ······················ 029

　19 罗纹鸭 ······················ 030

　20 赤颈鸭 ······················ 031

21 绿头鸭 ················ 032

22 斑嘴鸭 ················ 033

23 针尾鸭 ················ 034

24 绿翅鸭 ················ 035

25 琵嘴鸭 ················ 036

26 白眉鸭 ················ 037

27 花脸鸭 ················ 038

28 赤嘴潜鸭 ·············· 039

29 红头潜鸭 ·············· 040

30 青头潜鸭 ·············· 041

31 白眼潜鸭 ·············· 042

32 凤头潜鸭 ·············· 043

33 斑背潜鸭 ·············· 044

34 斑脸海番鸭 ············ 045

35 长尾鸭 ················ 046

36 鹊鸭 ·················· 047

37 斑头秋沙鸭 ············ 048

38 普通秋沙鸭 ············ 049

39 红胸秋沙鸭 ············ 050

40 中华秋沙鸭 ············ 051

41 白头硬尾鸭 ············ 052

䴙䴘目
PODICIPEDIFORMES
━━━━━━━ 053

䴙䴘科 Podicipedidae ···· 053

42 小䴙䴘 ················ 053

43 凤头䴙䴘 ·············· 054

44 角䴙䴘 ················ 055

45 黑颈䴙䴘 ·············· 056

红鹳目
PHOENICOPTERIFORMES
━━━━━━━ 057

红鹳科
Phoenicopteridae ······ 057

46 大红鹳 ················ 057

鸽形目
COLUMBIFORMES
━━━━━━━ 058

鸠鸽科 Columbidae ······· 058

47 山斑鸠 ················ 058

48 灰斑鸠 ················ 059

49 珠颈斑鸠 ·············· 060

夜鹰目
CAPRIMULGIFORMES
━━━━━━━ 061

夜鹰科 Caprimulgidae ··· 061

50 普通夜鹰 ·············· 061

雨燕科 Apodidae ··········· 062

51 短嘴金丝燕 ············ 062

52 普通雨燕 ·············· 063

53 白腰雨燕 ·············· 064

鹃形目
CUCULIFORMES

━━━━━━━━━ 065

杜鹃科 Cuculidae ·········· 065

54 四声杜鹃 ················ 065

55 大杜鹃 ················· 066

鸨形目
OTIDIFORMES

━━━━━━━━━ 067

鸨科 Otididae ············· 067

56 大鸨 ··················· 067

鹤形目
GRUIFORMES

━━━━━━━━━ 068

秧鸡科 Rallidae ············ 068

57 西秧鸡 ················· 068

58 普通秧鸡 ··············· 069

59 斑胁田鸡 ··············· 070

60 白胸苦恶鸟 ············· 071

61 董鸡 ··················· 072

62 黑水鸡 ················· 073

63 白骨顶 ················· 074

鹤科 Gruidae ·············· 075

64 白鹤 ··················· 075

65 白枕鹤 ················· 076

66 蓑羽鹤 ················· 077

67 丹顶鹤 ················· 078

68 灰鹤 ··················· 079

69 白头鹤 ················· 080

鸻形目
CHARADRIIFORMES

━━━━━━━━━ 081

蛎鹬科
Haematopodidae········ 081

70 蛎鹬 ··················· 081

反嘴鹬科 Recurvirostridae·· 082

71 黑翅长脚鹬 ············· 082

72 反嘴鹬 ················· 083

鸻科 Charadriidae ········· 084

73 凤头麦鸡 ··············· 084

74 灰头麦鸡 ··············· 085

75 金鸻 ··················· 086

76 灰鸻 ··················· 087

77 长嘴剑鸻 ··············· 088

78 金眶鸻 ················· 089

79 环颈鸻 ················· 090

80 蒙古沙鸻 ··············· 091

81 铁嘴沙鸻 ··············· 092

82 东方鸻 ················· 093

水雉科 Jacanidae·········· 094

83 水雉 ··················· 094

鹬科 Scolopacidae········· 095

84 针尾沙锥 ··············· 095

85 大沙锥 ················· 096

86 扇尾沙锥 ················· 097

87 半蹼鹬 ··················· 098

88 长嘴半蹼鹬 ············· 099

89 黑尾塍鹬 ··············· 100

90 斑尾塍鹬 ··············· 101

91 中杓鹬 ··················· 102

92 白腰杓鹬 ··············· 103

93 大杓鹬 ··················· 104

94 鹤鹬 ····················· 105

95 红脚鹬 ··················· 106

96 泽鹬 ····················· 107

97 青脚鹬 ··················· 108

98 白腰草鹬 ··············· 109

99 林鹬 ····················· 110

100 翘嘴鹬 ·················· 111

101 矶鹬 ···················· 112

102 翻石鹬 ·················· 113

103 大滨鹬 ·················· 114

104 红腹滨鹬 ··············· 115

105 三趾滨鹬 ··············· 116

106 红颈滨鹬 ··············· 117

107 小滨鹬 ·················· 118

108 青脚滨鹬 ··············· 119

109 长趾滨鹬 ··············· 120

110 尖尾滨鹬 ··············· 121

111 阔嘴鹬 ·················· 122

112 流苏鹬 ·················· 123

113 弯嘴滨鹬 ··············· 124

114 黑腹滨鹬 ··············· 125

115 红颈瓣蹼鹬 ············ 126

三趾鹑科 Turnicidae ······ 127

116 黄脚三趾鹑 ············ 127

燕鸻科 Glareolidae ········ 128

117 普通燕鸻 ··············· 128

鸥科 Laridae ················ 129

118 棕头鸥 ·················· 129

119 红嘴鸥 ·················· 130

120 黑嘴鸥 ·················· 131

121 小鸥 ···················· 132

122 遗鸥 ···················· 133

123 渔鸥 ···················· 134

124 黑尾鸥 ·················· 135

125 普通海鸥 ··············· 136

126 小黑背银鸥 ············ 137

127 西伯利亚银鸥 ········· 138

128 鸥嘴噪鸥 ··············· 139

129 红嘴巨燕鸥 ············ 140

130 白额燕鸥 ··············· 141

131 普通燕鸥 ··············· 142

132 灰翅浮鸥 ··············· 143

133 白翅浮鸥 ··············· 144

鹱形目
PROCELLARIIFORMES

························· 145

鹱科 Procellariidae ········ 145

134 白额鹱 ·················· 145

鹳形目
CICONIIFORMES
146

鹳科 Ciconiidae·············· 146

  135 黑鹳 ······················· 146

  136 东方白鹳 ················ 147

鲣鸟目
SULIFORMES
148

鸬鹚科 Phalacrocoracidae·· 148

  137 普通鸬鹚 ················ 148

鹈形目
PELECANIFORMES
149

鹮科 Threskiornithidae·· 149

  138 彩鹮 ······················· 149

  139 白琵鹭 ···················· 150

  140 黑脸琵鹭 ················ 151

鹭科 Ardeidae ············· 152

  141 大麻鳽···················· 152

  142 黄斑苇鳽 ················ 153

  143 紫背苇鳽 ················ 154

  144 栗苇鳽 ···················· 155

  145 夜鹭 ······················· 156

  146 池鹭 ······················· 157

  147 牛背鹭 ···················· 158

  148 苍鹭 ······················· 159

  149 草鹭 ······················· 160

  150 大白鹭 ···················· 161

  151 中白鹭 ···················· 162

  152 白鹭 ······················· 163

  153 黄嘴白鹭 ················ 164

鹈鹕科 Pelecanidae ······· 165

  154 卷羽鹈鹕 ················ 165

鹰形目
ACCIPITRIFORMES
166

鹗科 Pandionidae ·········· 166

  155 鹗 ·························· 166

鹰科 Accipitridae ··········· 167

  156 黑翅鸢 ···················· 167

  157 凤头蜂鹰 ················ 168

  158 乌雕 ······················· 169

  159 白肩雕 ···················· 170

  160 金雕 ······················· 171

  161 雀鹰 ······················· 172

  162 白腹鹞 ···················· 173

  163 白尾鹞 ···················· 174

  164 鹊鹞 ······················· 175

  165 黑鸢 ······················· 176

  166 白尾海雕 ················ 177

  167 毛脚鵟 ···················· 178

  168 大鵟 ······················· 179

  169 普通鵟 ···················· 180

鸮形目
STRIGIFORMES

181

鸱鸮科 Strigidae ············· 181
 170 红角鸮 ····················· 181
 171 纵纹腹小鸮 ············· 182
 172 长耳鸮 ····················· 183
 173 短耳鸮 ····················· 184

犀鸟目
BUCEROTIFORMES

185

戴胜科 Upupidae ··········· 185
 174 戴胜 ······················· 185

佛法僧目
CORACIIFORMES

186

翠鸟科 Alcedinidae ········ 186
 175 蓝翡翠 ····················· 186
 176 普通翠鸟 ················· 187

啄木鸟目
PICIFORMES

188

啄木鸟科 Picidae ··········· 188
 177 蚁䴕 ······················· 188

 178 棕腹啄木鸟 ············· 189
 179 大斑啄木鸟 ············· 190
 180 灰头绿啄木鸟 ········· 191

隼形目
FALCONIFORMES

192

隼科 Falconidae ··········· 192
 181 红隼 ······················· 192
 182 红脚隼 ····················· 193
 183 灰背隼 ····················· 194
 184 燕隼 ······················· 195
 185 猎隼 ······················· 196
 186 游隼 ······················· 197

雀形目
PASSERIFORMES

198

黄鹂科 Oriolidae ··········· 198
 187 黑枕黄鹂 ················· 198
卷尾科 Dicruridae ········· 199
 188 黑卷尾 ····················· 199
伯劳科 Laniidae ············· 200
 189 红尾伯劳 ················· 200
 190 棕背伯劳 ················· 201
 191 楔尾伯劳 ················· 202
鸦科 Corvidae ··············· 203
 192 灰喜鹊 ····················· 203

193 喜鹊 ……………… 204
194 达乌里寒鸦 ……… 205
195 秃鼻乌鸦 ………… 206
196 小嘴乌鸦 ………… 207
197 大嘴乌鸦 ………… 208
山雀科 Paridae ……………… 209
198 煤山雀 …………… 209
199 黄腹山雀 ………… 210
200 大山雀 …………… 211
攀雀科 Remizidae ………… 212
201 中华攀雀 ………… 212
百灵科 Alaudidae ………… 213
202 蒙古百灵 ………… 213
203 短趾百灵 ………… 214
204 云雀 ……………… 215
文须雀科 Panuridae ……… 216
205 文须雀 …………… 216
扇尾莺科 Cisticolidae …… 217
206 棕扇尾莺 ………… 217
苇莺科 Panuridae ………… 218
207 东方大苇莺 ……… 218
208 黑眉苇莺 ………… 219
209 厚嘴苇莺 ………… 220
蝗莺科 Locustellidae …… 221
210 矛斑蝗莺 ………… 221
211 小蝗莺 …………… 222
燕科 Hirundinidae ………… 223
212 崖沙燕 …………… 223
213 家燕 ……………… 224
214 金腰燕 …………… 225

鹎科 Pycnonotidae ……… 226
215 白头鹎 …………… 226
柳莺科 Phylloscopidae ·· 227
216 褐柳莺 …………… 227
217 巨嘴柳莺 ………… 228
218 黄腰柳莺 ………… 229
219 黄眉柳莺 ………… 230
220 极北柳莺 ………… 231
221 双斑绿柳莺 ……… 232
莺鹛科 Sylviidae …………… 233
222 棕头鸦雀 ………… 233
223 震旦鸦雀 ………… 234
绣眼鸟科 Zosteropidae ·· 235
224 红胁绣眼鸟 ……… 235
225 暗绿绣眼鸟 ……… 236
椋鸟科 Sturnidae ………… 237
226 灰椋鸟 …………… 237
227 紫翅椋鸟 ………… 238
鸫科 Turdidae …………… 239
228 白眉鸫 …………… 239
229 赤胸鸫 …………… 240
230 赤颈鸫 …………… 241
231 红尾斑鸫 ………… 242
232 斑鸫 ……………… 243
鹟科 Muscicapidae ……… 244
233 蓝歌鸲 …………… 244
234 红喉歌鸲 ………… 245
235 蓝喉歌鸲 ………… 246
236 红胁蓝尾鸲 ……… 247
237 北红尾鸲 ………… 248

238 黑喉石䳭 ·············· 249

239 白喉矶鸫 ·············· 250

240 灰纹鹟 ·············· 251

241 乌鹟 ·············· 252

242 北灰鹟 ·············· 253

243 白眉姬鹟 ·············· 254

244 红喉姬鹟 ·············· 255

245 白腹蓝鹟 ·············· 256

246 铜蓝鹟 ·············· 257

雀科 Passeridae ·············· 258

247 麻雀 ·············· 258

鹡鸰科 Motacillidae ······· 259

248 山鹡鸰 ·············· 259

249 黄鹡鸰 ·············· 260

250 黄头鹡鸰 ·············· 261

251 灰鹡鸰 ·············· 262

252 白鹡鸰 ·············· 263

253 田鹨 ·············· 264

254 树鹨 ·············· 265

255 北鹨 ·············· 266

256 粉红胸鹨 ·············· 267

257 红喉鹨 ·············· 268

258 黄腹鹨 ·············· 269

259 水鹨 ·············· 270

燕雀科 Fringillidae ········ 271

260 燕雀 ·············· 271

261 普通朱雀 ·············· 272

262 金翅雀 ·············· 273

铁爪鹀科 Calcariidae ····· 274

263 铁爪鹀 ·············· 274

鹀科 Emberizidae ········· 275

264 白头鹀 ·············· 275

265 三道眉草鹀 ·········· 276

266 栗耳鹀 ·············· 277

267 小鹀 ·············· 278

268 黄眉鹀 ·············· 279

269 田鹀 ·············· 280

270 黄喉鹀 ·············· 281

271 黄胸鹀 ·············· 282

272 栗鹀 ·············· 283

273 灰头鹀 ·············· 284

274 苇鹀 ·············· 285

275 红颈苇鹀 ·············· 286

276 芦鹀 ·············· 287

索引

中文名索引 ···················· 290

英文名索引 ···················· 294

学名索引 ···················· 299

参考文献 ···················· 304

天津市北大港湿地
自然保护区生态环境概况

一、自然环境

1.地理位置

天津市北大港湿地自然保护区（以下简称"北大港湿地保护区"）地理坐标为38°36′—38°57′N，117°11′—117°37′E，属于国际重要湿地，总面积约34 887 hm²，地处渤海湾西部，天津滨海新区东南部，包括北大港水库、独流减河下游、钱圈水库、沙井子水库、李二湾及南侧用地、李二湾河口沿海滩涂。其中，北大港水库作为保护区的核心区，始建于1974年，面积164 km²。北大港水库是华北地区最大的平原型水库，库区东面与津歧公路相隔1 km，西面通过马圈引河经马圈闸与马厂减河沟通；东南部隔穿港公路与大港油田毗邻；北侧与独流减河行洪道右堤相连。

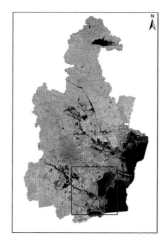

北大港湿地在天津市的地理位置

2.地质地貌

北大港湿地保护区是由海岸和退海岸形成的低平淤泥堆积而成，因此形成了以河砾黏土为主的盐碱地貌。在地质上，这里属于中国东部黄骅坳陷的一部分，其基底的岩石埋藏较深，主要包括火山岩、碳酸盐岩和碎屑岩三大类，区内地形单一，地势平缓，由西南向东北有微微降低趋势，平原坡度小于万分之一，地面高程一般在3.88～5.08 m（黄海高程）。土壤类型为盐化潮土、滨海盐土，其中潮土分布面积较大。保护区内地势低洼平坦，多静水沉积，经过长期河流泛滥和引水，沉积了不同质地的土壤。由于各河流连续和交替进行的冲积作用，土壤层次较复杂，土层厚度一般在0.3~0.6 m。从地质水文条件来看，该保护区的地下水潜水较丰富，矿化度为弱矿化水和矿化水。

3.气候条件

北大港湿地保护区位于天津市的东南部，四季分明。冬季受蒙古冷高压控制，盛行西北风，天气寒冷干燥；夏季受西北太平洋副热带高压西侧影响，多偏南风，高温高湿，雨热同季；春季和秋季为季风转换期，其中春季干旱多风，冷暖多变，秋季天高云淡，风和日丽。全年以冬季最长，有156~167 d，夏季次之，有87~103 d，春季有56~61 d，秋季最短，有50~55 d。年均气温13.4 ℃，1月平均气温为-2.5 ℃，7月平均气温为27.2 ℃，年无霜期约211 d。年均降水量340.5 mm，降水多集中在6—9月。年均蒸发量约1 938.4 mm。

4.水文条件

北大港湿地保护区所在的滨海新区地处海河流域，多年平均径流量约为$2×10^{10}$ m^3，主要依靠雨水补给，河流径流总量小、变率小，流量分配不均。每年七八月的夏汛期，海河流量较大，5—6月、9月至翌年2月的枯水期期间，流量较小。

北大港湿地保护区水源主要依靠降水和人工补给。区内河流纵横交错，坑塘洼淀众多。河流有独流减河、子牙新河、北排河、青静黄排水渠等，主要担负输水、引水和防汛期泄洪任务。北大港水库是引黄济津工程唯一的调蓄水库，是天津市重要的备用水源地，最大水深为4.5 m，平均水深为3 m，蓄水量为$5×10^9$ m^3。

5.生物资源

北大港湿地保护区的植被以芦苇（*Phragmites australis*）群落为主（约占60%），还有水葱（*Schoenoplectus tabernaemontani*）群落（约占2%），芦苇、水烛（*Typha angustifolia*）群落（约占5%），

芦苇、碱蓬(*Suaeda glauca*)群落(约占15%)，狐尾藻(*Myriophyllum verticillatum*)、马来眼子菜(*Potamogeton malaianus*)、苦草(*Vallisneria natans*)群落(约占2%)，碱蓬、盐地碱蓬(*Suaeda salsa*)群落(约占5%)，狐尾藻、金鱼藻(*Ceratophyllum demersum*)、黑藻(*Hydrilla verticillata*)群落(约占3%)，稗(*Echinochloa crusgalli*)群落(约占5%)，柽柳(*Tamarix chinensis*)群落(约占3%)等。在北大港水库堤上还有零星人工乔木，多为榆树（*Ulmus pumila*）、槐（*Sophora japonica*）一类常见人工树种。保护区的生物资源丰富。据调查，保护区有蕨类植物2科2种、裸子植物2科4种、被子植物61科254种，总计65科260种(莫训强 等，2020)，有脊椎动物355种，其中鸟类276种，哺乳类20种，两栖类6种，爬行类16种，鱼类37种。

二、湿地类型

1.河流湿地

　　河流湿地是重要的湿地类型之一，它能够调节区域小气候；在旱季能涵养水分，雨季能排蓄泄洪；河流湿地中的植物和微生物能够消纳污水、净化水质。河流湿地生态系统孕育了丰富的微生物、浮游动植物、鱼类、两栖类和爬行类动物，构造出复杂的食物链网。在此基础上，河流湿地生态系统供养了种类丰富的鸟类（主要为候鸟）、哺乳类［如草兔（*Lepus capensis*）、刺猬（*Erinaceus amurensis*）和黄鼬（*Mustela sibirica*）］等处于食物链上层的动物。此外，河流湿地生态系统也为人类休闲、娱乐、审美、科教提供了适宜的场所和对象。

　　北大港湿地保护区内有独流减河、子牙新河、北排河等河渠，形成了面积广阔的河流湿地，包括永久性河流、河漫滩、小型河道和引水沟渠等，它们和沿岸的小环境构成了带状的河流湿地区域。河流湿地上的植物种类以水生和湿生植物为主，如芦苇、扁秆藨草（*Scirpus planiculmis*）、水烛、水葱、碱菀（*Tripolium vulgare*）、盐地碱蓬、二色补血草（*Limonium bicolor*）和獐毛（*Aeluropus sinensis*）等。

2.人工湿地

人工湿地主要包括水库、养殖池塘、灌溉沟渠和景观水面等类型。北大港湿地保护区内的人工湿地斑块众多，分布较广，主要包括水库、灌溉沟渠和景观水面等类型，保护区内养殖活动均已退出，养殖池塘在保护区外还有分布。人工湿地中的灌溉沟渠湿地对于清除农田非点源污染有重要作用。湿地植被建群种为芦苇或水烛，在不同年份，因降水量、灌溉水量的差异，植被的生长、发育有明显的动态变化：干旱年份，灌溉沟渠中积水时间很短，无植被发育；降水较多的年份，灌溉沟渠中积水时间长，积水深度大，形成芦苇群落或水烛群落。

人工湿地主要分布在村庄和城镇附近，常呈规则的方形，外貌特征比较明显。人工湿地的主要功能是为人类的生产、生活提供便利，如养殖池塘主要用于水产养殖、灌溉沟渠主要用于农田灌溉等。由于长期处于高密度的人为干扰条件下，人工湿地的动植物种类、数量和多样性水平均远不如河流湿地生态系统。尽管如此，人工湿地在动植物资源保护方面仍然具有不可替代的作用，如秋冬季养殖池塘鱼类收获期间，为迁徙经过的鸥类、鹭类等提供觅食地和食物；某些人工湿地如灌溉沟渠等，成为黄鼬、草兔等的迁移通道和藏匿地。

3.沼泽湿地

沼泽湿地包括沼泽和沼泽化草甸，特点是地表经常或长期处于湿润状态，具有特殊的植被演替规律和成土过程，有的沼泽有泥炭积累。根据地表植被的差异，沼泽又可分为藓类沼泽、草本沼泽、灌丛沼泽和沼泽性草甸。

北大港湿地保护区内的沼泽湿地主要分布于独流减河河床、北大港水库库区内湿润和半湿润的地段，主要为草本沼泽。地面植被以挺水植物为主，如芦苇、水烛和扁秆藨草等；湿生植物也较为丰富，如禾本科（Graminae）和莎草科（Cyperacee）的草本植物等；零星缀有少量灌木，以柽柳为主。沼泽湿地是价值极高的湿地生态系统，为野生动植物提供了重要的生长基质和活动空间。保护区内沼泽湿地的地理特征不明显，随着水资源的减少，该类型湿地可能会逐渐消失。

4.近海及海岸湿地

近海及海岸湿地发育在陆地与海洋之间，是海洋和大陆相互作用最强烈的地带，生物多样性丰富、生产力高，在防风护岸、降解污染、调节气候等方面具有重要价值。近海及海岸湿地主要可细分为以下类型：浅海水域、潮下水生层、沙石海滩、淤泥质海滩、潮间盐水沼泽、河口水域、河口三角洲/沙洲/沙岛、海岸性咸水湖、海岸性淡水湖等。我国的近海及海岸湿地以杭州湾为界分为南、北两部分，其中北部多为砂质和淤泥质海滩，潮间带无脊椎动物丰富，浅水区鱼类较多，为鸟类提供了丰富的食物来源和良好的栖息场所。

北大港湿地保护区内的近海及海岸湿地主要分布于东部沿海区域，包括浅海水域、淤泥质海滩、潮间盐水沼泽等亚类。由于该段级海岸坡度较平缓，高低潮线之间的淤泥质海滩面积广阔，为鸻鹬类、鸥类、鹭类等水鸟提供了适宜的觅食环境。天津市自20世纪90年代末，将互花米草(*Spartina alterniflora*)引种至沿海滩涂，形成了较为典型的潮间盐水沼泽。

三、鸟类栖息地

北大港湿地保护区包括滨海湿地、芦苇沼泽、鱼塘水库、林地等多种生境类型。滨海湿地是指潮间带泥滩及海岸其他咸水沼泽，主要分布在滨海新区沿海地带，鸥类、鸻鹬类多分布于此。芦苇沼泽是指陆地表面洼地积水而形成的较宽广水域，鸊鷉类、雁鸭类、鹤鹬类等主要分布在芦苇沼泽和鱼塘水库。雀形目鸟类多分布在林地。北大港湿地保护区及其周边适宜观鸟区主要有以下三个区域。

(1) 万亩鱼塘：位于独流减河流域的人工鱼塘，水域面积较大且常年有水，由于塘底起伏差异较大，鱼塘内水深差异明显。鱼塘四周有芦苇生长。3—4月春季迁徙期，大群雁鸭类在此聚集停留，包括大天鹅(*Cygnus cygnus*)、小天鹅(*C. columbianus*)、疣鼻天鹅(*C. olor*)、鸿雁(*Anser cygnoides*)等；3月下旬陆续有鸻鹬类聚集至此，如黑尾塍鹬(*Limosa limosa*)、鹤鹬(*Tringa erythropus*)、青脚鹬(*T. nebularia*)、环颈鸻(*Charadrius alexandrinus*)、黑翅长脚鹬(*Himantopus himantopus*)等，并且白鹤(*Grus leucogeranus*)、东方白鹳(*Ciconia boyciana*)等珍稀物种多在此处停留。该区域为北大港湿地保护区主要水鸟观赏地，观鸟时间以3—4月为最佳，一天可见水鸟60种左右。

(2) 北大港水库北部：水面开阔，四周分布有芦苇沼泽，水库周围有因修建大堤而形成的狭长河道，水较深，两岸有芦苇分布，近年来每年均有东方白鹳在此停留觅食并筑巢繁殖。水库周围常见红嘴鸥(*Chroicocephalus ridibundus*)、苍鹭(*Ardea cinerea*)、环颈雉(*Phasianus colchicus*)及雀形目鸟类，扇尾沙锥(*Gallinago gallinago*)、金眶鸻(*Charadrius dubius*)等鸟种偶尔可见。

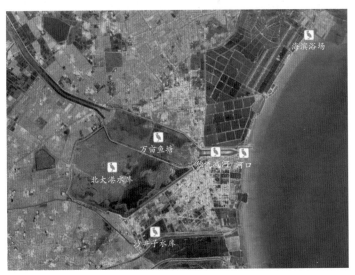

北大港湿地保护区及周边区域观鸟位置示意

（3）海滨浴场滩涂湿地：属于潮间带淤泥海滩。每年3月下旬至4月为此区域适宜观鸟期，常见鸟种有红嘴鸥、遗鸥（*Ichthyaetus relictus*）、白腰杓鹬（*Numenius arquata*）、灰鸻（*Pluvialis squatarola*）、黑腹滨鹬（*Calidris alpina*）等。

本地区的其他观鸟地点还有沙井子水库、独流减河及其河流入海口等地。

四、鸟类资源及其保护

北大港湿地保护区在中国动物地理区划上属古北界华北区，是东亚 — 澳大利西亚候鸟迁飞区的重要驿站，也是中国第319号重点鸟区。截至2019年，保护区内共记录到276种鸟类，隶属于21目62科，其中水鸟143种，隶属于10目19科，包括国家I级重点保护动物22种，国家II级重点保护动物51种。国家I级重点保护动物包括黑鹳（*Ciconia nigra*）、东方白鹳、青头潜鸭（*Aythya baeri*）、中华秋沙鸭（*Mergus squamatus*）、白头硬尾鸭（*Oxyura leucocephala*）、白尾海雕（*Haliaeetus albcilla*）、乌雕（*Clanga clanga*）、白肩雕（*Aquila heliaca*）、金雕（*A. chrysaetos*）、猎隼（*Falco cherrug*）、白鹤、白头鹤（*Grus monacha*）、丹顶鹤（*G. japonensis*）、白枕鹤（*G. vipio*）、大鸨（*Otis tarda*）、彩鹮（*Plegadis falcinellus*）、黑脸琵鹭（*Platalea minor*）、黄嘴白鹭（*Egretta eulophotes*）、卷羽鹈鹕（*Pelecanus crispus*）、黑嘴鸥（*Saundersilarus saundersi*）、遗鸥、黄胸鹀（*Emberiza aureola*）。列入《世界自然保护联盟濒危物种红色名录》（IUCN红色名录）的物种共25种，全球极危物种（critically endangered，CR）3种，全球濒危物种（endangered，EN）7种，全球易危物种（vulnerable，VU）15种。北大港湿地保护区还是许多鸟类重要的繁殖地和越冬地。夏季繁殖鸟类主要有黑翅长脚鹬、反嘴鹬（*Recurvirostra avosetta*）、灰翅浮鸥（*Chlidonias hybrida*）、环颈鸻、红隼（*Falco tinnunculus*）等，并且在2014—2020年，每年都有东方白鹳在此处停留觅食并筑巢繁殖。

北大港湿地珍稀濒危鸟类名录

保护级别	种　类
国家Ⅰ级	青头潜鸭、中华秋沙鸭、白头硬尾鸭、大鸨、白鹤、白枕鹤、丹顶鹤、白头鹤、黑嘴鸥、遗鸥、黑鹳、东方白鹳、彩鹮、黑脸琵鹭、黄嘴白鹭、卷羽鹈鹕、白尾海雕、乌雕、白肩雕、金雕、猎隼、黄胸鹀
国家Ⅱ级	鸿雁、白额雁（*Anser albifrons*）、小白额雁（*A.erythropus*）、疣鼻天鹅、小天鹅、大天鹅、鸳鸯（*Aix galericulata*）、棉凫（*Nettapus coromandelianus*）、花脸鸭（*Sibirionetta formosa*）、斑头秋沙鸭（*Mergellus albellus*）、赤颈䴙䴘（*Podiceps grisegena*）、角䴙䴘（*P. auritus*）、黑颈䴙䴘（*P. nigricollis*）、斑胁田鸡（*Zapornia paykullii*）、蓑羽鹤（*Anthropoides virgo*）、灰鹤（*Grus grus*）、水雉（*Hydrophasianus chirurgus*）、半蹼鹬（*Limnodromus semipalmatus*）、白腰杓鹬、大杓鹬（*Numenius madagascariensis*）、翻石鹬（*Arenaria interpres*）、大滨鹬（*Calidris tenuirostris*）、阔嘴鹬（*C. falcinellus*）、小鸥（*Hydrocoloeus minutus*）、白琵鹭（*Platalea leucorodia*）、鹗（*Pandion haliaetus*）、黑翅鸢（*Elanus caeruleus*）、凤头蜂鹰（*Pernis ptilorhynchus*）、雀鹰（*Accipiter nisus*）、白腹鹞（*Circus spilonotus*）、白尾鹞（*C. cyaneus*）、鹊鹞（*C. melanoleucos*）、黑鸢（*Milvus migrans*）、毛脚鵟（*Buteo lagopus*）、大鵟（*B. hemilasius*）、普通鵟（*B. japonicus*）、红角鸮（*Otus sunia*）、纵纹腹小鸮（*Athene noctua*）、长耳鸮（*Asio otus*）、短耳鸮（*A. flammeus*）、红隼、红脚隼（*Falco amurensis*）、灰背隼（*F. columbarius*）、燕隼（*F. subbuteo*）、游隼（*F. peregrinus*）、蒙古百灵（*Melanocorypha mongolica*）、云雀（*Alauda arvensis*）、震旦鸦雀（*Paradoxornis heudei*）、红胁绣眼鸟（*Zosterops erythropleurus*）、红喉歌鸲（*Calliope calliope*）、蓝喉歌鸲（*Luscinia svecica*）
CITES附录Ⅰ	白鹤、白枕鹤、丹顶鹤、白头鹤、遗鸥、东方白鹳、卷羽鹈鹕、白肩雕、白尾海雕、游隼

保护级别	种　类
CITES 附录 II	花脸鸭、白头硬尾鸭、大红鹳 (*Phoenicopterus roseus*)、大鸨、蓑羽鹤、灰鹤、黑鹳、白琵鹭、鹗、黑翅鸢、乌雕、金雕、雀鹰、白腹鹞、白尾鹞、鹊鹞、黑鸢、毛脚鵟、大鵟、普通鵟、红角鸮、纵纹腹小鸮、长耳鸮、短耳鸮、红隼、红脚隼、灰背隼、燕隼
IUCN 极危 (CR)	白鹤、青头潜鸭、黄胸鹀
IUCN 濒危 (EN)	中华秋沙鸭、白头硬尾鸭、大杓鹬、大滨鹬、东方白鹳、黑脸琵鹭、猎隼
IUCN 易危 (VU)	鸿雁、小白额雁、长尾鸭 (*Clangula hyemalis*)、红头潜鸭 (*Aythya ferina*)、角䴙䴘、大鸨、丹顶鹤、白枕鹤、白头鹤、黑嘴鸥、遗鸥、黄嘴白鹭、乌雕、白肩雕、田鹀 (*Emberiza rustica*)

　　随着经济的快速发展，天津市尤其是滨海新区土地资源日益紧缺，围海造陆的开展也导致滨海新区湿地面积不断萎缩，使得环境质量下降。北大港湿地保护区也承受着巨大的保护压力。近些年，天津市及滨海新区政府高度重视北大港湿地保护区的保护工作，2020年，北大港湿地被列入《国际重要湿地名录》。北大港湿地保护区应抓住这个契机，充分利用自身的资源优势和地处京津冀生态关键地区的有利条件，大力加强与国内外合作伙伴的交流与合作，争取国内外各方面的支持，使保护区成为华北地区的一张湿地生态"名片"。

鸟种描述

鸡形目 / GALLIFORMES

雉科 Phasianidae

---

1 鹌鹑

L 14~20 cm
NT 三

Coturnix japonica Japanese Quail

| 识别特征 | 雌雄相似。雄鸟头部褐色，头顶有黄白色中央冠纹，眼圈和眼先赤褐色，虹膜红褐色，喙灰色；有甚长的黄白色眉纹及一道黑色贯眼纹；喉部黑色，上体深褐色，密布红褐色及黑色横纹；翅长且尖；胸部红色，腹部灰白色；尾短，尾羽被尾上覆羽完全遮盖。雌鸟体色与雄鸟基本一样，喉部黄白色。足肉棕色。飞行时可见尾部长度小于翅长的一半。

| 分布与习性 | 栖息于低山丘陵、干草地和林木较丰富的石区，喜农耕区的谷物农田或草地。主要以嫩枝、种子为食，也食昆虫。在草丛、田边或灌木营巢。常成对而非成群活动。

| 居留状况 | 冬候鸟、旅鸟。

2 环颈雉

Phasianus colchicus Common Pheasant

L 雄 76~89 cm
雌 53~63 cm

LC 三

|识别特征| 雌雄异型。雄鸟头部具黑色光泽，有明显的耳羽簇，眼周裸皮鲜红色，虹膜黄色，嘴灰色；身体羽色通常为棕褐色，有多种变型，从墨绿色至铜色至金色，白色颈环有或退化；尾长而尖，黑色有条纹，长近50 cm。雌鸟全身棕褐色至灰色，羽色单调。足灰色。

|分布与习性| 栖息于农田附近的丘陵、山区灌丛、草丛、林缘草地等地。主要以果实、谷物和种子为食，有时也会吃昆虫、蚯蚓、蜗牛等小动物。白天在地面觅食，夜间飞到树上栖息。

|居留状况| 留鸟。

雁形目 / ANSERIFORMES

鸭科 Anatidae

3 鸿雁

● L 81~94 cm
VU II

Anser cygnoid Swan Goose

| 识别特征 | 大型水禽。嘴黑且长，并与前额成一直线，环绕嘴基有一道狭窄的白色细纹，将嘴和额明显分开。上体灰褐色，但羽缘较淡。前颈近白色，头顶及颈背棕褐色，前颈与后颈界线明显。跗跖粉红色，尾上覆羽灰褐色，但最长的尾上覆羽为白色，臀部近白，飞羽黑色。雌雄相似，但雌鸟较雄鸟略小；雄鸟上嘴基有一疣突，雌鸟嘴基疣突较不明显。亚成体黄褐色，额基无白纹。

| 分布与习性 | 栖息于水草丰富的开阔湖泊、水塘等地。性喜集群，特别是迁徙期，常集成百上千的大群，排成"一"字形或"人"字形队伍，边飞边叫，声音洪亮。

| 居留状况 | 旅鸟。

4 豆雁

Anser fabalis Bean Goose

| 识别特征 | 大型的灰色雁。头颈棕褐色，嘴甲和嘴基黑色具橘黄色次端条带，体色较灰雁稍浅，肩、背灰褐色具白色羽缘，腹灰白色，尾黑色具白色端斑，跗跖橙黄色。雌雄相似。

| 分布与习性 | 喜水草丰富的开阔水面。性喜集群，迁徙期常集成百上千的大群，排成"一"字形或"人"字形队伍。性机警，不易接近，夜栖时常有一只或数只豆雁警戒。

| 居留状况 | 旅鸟、冬候鸟。

5 短嘴豆雁

Anser serrirostris Tundra Bean Goose

🔵 L 69~80 cm
LC

图中右侧为短嘴豆雁

| 识别特征 | 大型的灰色雁。头、颈棕褐色，嘴甲和嘴基黑色具橘黄色次端带斑，肩、背灰褐色具白色羽缘，胸淡棕色。尾黑褐色，末端白色，跗跖橙黄色。雌雄相似。与豆雁相比，体型小，嘴短粗且黄斑小，颈短。

| 分布与习性 | 栖息于平原地区农田、河流、湖泊、沼泽、开阔的水边草地。集群活动。以谷物和植物的叶、芽、块茎等植物性食物为主。

| 居留状况 | 旅鸟、冬候鸟。

6 灰雁

Anser anser Greylag Goose

L 76-89 cm

LC 三

| **识别特征** | 大型的灰色雁。我国体色最淡的雁。喙粉红色，上体灰褐色，背部羽色较深且羽缘白色，使上体具扇贝形纹，下体污白，跗跖粉红色。飞行时，翼前区的浅色与飞羽的暗色成鲜明对比。雌雄相似，雌鸟略小于雄鸟。亚成体灰褐色，无黑色斑块，两胁无白斑。

| **分布与习性** | 喜富有芦苇和水草的湖泊、水库等地。除繁殖期外，集群活动，喜白天觅食，夜间休息。善行走，行动敏捷，休息时常单脚站立，亦善游泳、潜水，但通常很少潜水，警惕性极高。迁徙多在夜晚进行，迁徙时两翅扇动缓慢，成单列或"V"字形飞行。

| **居留状况** | 旅鸟、冬候鸟。

7 白额雁

Anser albifrons Greater White-fronted Goose

L 65~86 cm
LC Ⅱ

|识别特征| 大型的灰色雁。头颈棕褐色，额和上嘴基环绕有白色斑块，额部白斑未延伸至两眼间，身体暗褐色，腹部白色，且杂有黑斑，跗跖橘黄色。飞行中显笨重，翼下羽色较暗。雌雄相似。亚成体与成鸟相似，但额上白斑和腹部黑斑较成鸟小。

|分布与习性| 喜富有矮小植物和灌丛的湖泊、水塘等地，在陆地上的时间通常较在水中的时间长。喜小群活动。善于在地上行走、奔跑，亦善游泳，如遇紧急状况可以潜水。迁徙季节时聚成大群在夜晚飞行，多在白天觅食，以植物性食物为主。飞行时多成"一"字形或"人"字形。

|居留状况| 旅鸟。

8 小白额雁

🌐 L 53~66 cm
VU Ⅱ

Anser erythropus **Lesser White-fronted Goose**

| **识别特征** | 中型的灰色雁。外形与白额雁相似，但体型较白额雁小，喙、颈较短，体色较深，额部白斑较白额雁大，一直延伸至两眼之间的头顶部。眼周金黄色，跗跖橘黄色。雌雄相似。亚成体嘴甲黑色，嘴基无白斑，腹部无黑色斑块。

| **分布与习性** | 喜开阔的湖泊、水库等地。喜集群活动，多白天集群觅食，夜晚在水中过夜。善行走、奔跑，亦善游泳和潜水，警惕性极高。迁徙多在夜晚进行，迁徙时边飞边鸣叫。队形有时杂乱无章，有时成斜线，有时成"一"字形或"人"字形。

| **居留状况** | 旅鸟。

9 斑头雁

L 71~76 cm
LC 三

Anser indicus Bar-headed Goose

| **识别特征** | 体型略小的雁。头白色且头后具两道黑色带斑为本种特征。体灰褐色，喉部白色延伸至颈侧，后颈暗褐色，背部淡灰色，下体多为白色。飞行中上体浅色，仅翼部后缘较深。雌雄相似，但雌鸟略小于雄鸟。亚成体头部污黑且不具带斑，颈侧无白色纵纹。

| **分布与习性** | 喜开阔水面。繁殖在高原湖泊，耐低温。游泳很好，但多陆栖。喜集群活动，性机警。主要以植物性食物为食，多在黄昏和夜晚觅食。迁徙时常排成"人"字形或"V"字形，边飞边叫。

| **居留状况** | 旅鸟。

10 雪雁

Anser caerulescens Snow Goose

| **识别特征** | 体型中等的雁。双性同型同色，体羽纯白色，初级飞羽黑色，腿和嘴粉红色。

| **分布与习性** | 集群，活动于池塘、湖泊、沼泽、沿海的农田等湿地环境。以谷物、草等植物为食。2018年11月8日在南部水循环曾记录到2只雪雁，2019年11月17日在南部水循环也曾记录到3只。

| **居留状况** | 旅鸟。

11 疣鼻天鹅

Cygnus olor Mute Swan

L 125~160 cm

LC Ⅱ

| 识别特征 | 大型游禽。全身洁白，颈部呈优雅的"S"形，嘴橘红色，嘴基黑色，跗跖黑色。尾较长而尖，飞翔时不鸣叫，且两翅振动有声，明显与其他天鹅不同。雄鸟头顶至枕部偶沾淡棕色，前额具特征性黑色疣突；雌鸟体型较小，前额疣突不明显。幼鸟污白或淡棕灰色，前额及眼先黑色，不具疣突，喙黑色，跗跖黑色。

| 分布与习性 | 喜水草丰富的开阔湖泊、水塘。性机警，游水时两翼隆起，常成对或家族活动。除滨海滩涂外，在北大港湿地自然保护区的各个区域均有分布。

| 居留状况 | 旅鸟。

12 小天鹅

Cygnus columbianus Tundra Swan

L 120~150 cm
LC　Ⅱ

| **识别特征** | 大型游禽。体型明显较大天鹅小，喙、颈也较大天鹅短。全身洁白，仅头、颈、胸略沾棕黄色，嘴端黑色，嘴基黄色，且嘴端黑色延伸过鼻孔，跗跖黑色。雌雄同色，雌鸟较雄鸟略小。亚成鸟全身污白色或淡灰褐色，嘴端黑色，嘴基粉红色。

| **分布与习性** | 喜水草丰富的开阔湖泊、水塘等地。性喜集群，有时与大天鹅混群。叫声高而清脆，较大天鹅更响亮。善游泳，主要以水生植物为食，也吃少量动物性食物，觅食时极为谨慎小心。除滨海滩涂外，在北大港湿地自然保护区的各个区域均有分布。

| **居留状况** | 旅鸟。

13 大天鹅

Cygnus cygnus Whooper Swan

L 140~165 cm
LC　Ⅱ

|识别特征| 大型游禽。全身洁白，仅头、颈、胸稍沾棕黄色，嘴端黑色，嘴基黄色，且嘴端黑色未延伸过鼻孔，跗跖黑色。颈特长，且在水中游泳时颈较疣鼻天鹅更直。雌雄同色，雌鸟较雄鸟略小。亚成鸟全身污白，头颈羽色较暗，下体、尾及飞羽羽色较淡，嘴端黑色，嘴基粉红色。

|分布与习性| 喜水草丰富的开阔浅水水域。性机警，常集群活动。由于躯体较笨重，起飞时需两翼不断拍打，两脚在水面奔跑一段距离才能飞起。善游泳，一般不潜水，主要以水生植物为食，也吃少量动物性食物，并能挖掘淤泥下0.5 m处的食物。繁殖期成对活动，常成小群，成"一"字形或"人"字形飞行，并发出"哦——哦——"的叫声。除滨海滩涂外，在北大港湿地自然保护区的各个区域均有分布。

|居留状况| 旅鸟。

14 翘鼻麻鸭

L 55~65 cm
LC 三

Tadorna tadorna Common Shelduck

| **识别特征** | 大型鸭类。色彩醒目的黑白色鸭，体型略小于赤麻鸭。胸部有一条宽的栗色环带。喙和跗跖均为鲜红色。雄鸟头、颈黑色，具绿色金属光泽，在繁殖期，上嘴基部具红色隆起皮质肉瘤；雌鸟羽色较淡，头、颈不具绿色金属光泽，前额有白色斑点。亚成体不均匀褐色，喙暗红色，头侧有白斑。

| **分布与习性** | 喜开阔的盐碱湖泊地带。善游泳和潜水，亦善行走，性机警，不易接近。喜集群活动。繁殖期成对生活，非繁殖期集群生活。

| **居留状况** | 旅鸟、冬候鸟。

15 赤麻鸭

Tadorna ferruginea Ruddy Shelduck

L 58~70 cm
LC 三

|识别特征| 体型较大的橙黄色鸭。全身橙黄色，比家鸭稍大。喙、跗跖和尾均为黑色。飞行时白色的翅上覆羽和铜绿色翼镜均很明显。雄鸟繁殖季下颈基部有狭窄的黑色颈环；雌鸟体色稍淡，无黑色颈环。亚成体与雌鸟相似，但羽色稍暗，微沾灰褐色。

|分布与习性| 喜平原上的湖泊地带。性机警，常在黄昏和清晨集群觅食，主要以植物性食物为食。繁殖期成对生活，非繁殖期集群生活。多成家族群或更大群迁徙，多边飞边叫，呈直线或横排飞行前进。

|居留状况| 旅鸟、冬候鸟。

16 鸳鸯

Aix galericulata Mandarin Duck

L 41~51 cm
LC Ⅱ

| 识别特征 | 体型较小而色彩艳丽的鸭类，大小介于绿头鸭与绿翅鸭之间。雌雄异色，雄鸟有醒目的白色眉纹、红色的喙、金色的颈部以及独特的棕黄色炫耀性"帆状饰羽"；雌鸟全身浅灰褐色，白色眼圈及眼后线较明显，喙黑色；雄鸟的非婚羽与雌鸟相似，但喙为红色。

| 分布与习性 | 喜开阔的河流、湖泊、水塘等地。善游泳和潜水，亦善行走。性机警，遇惊扰立即起飞，边飞边发出尖细的叫声。繁殖期成对活动，非繁殖期集群活动。巢筑于树洞中。2017年曾在北大港湿地自然保护区记录到3只。

| 居留状况 | 旅鸟。

17 棉凫

Nettapus coromandelianus Asian Pygmy Goose

L 31~38 cm
LC Ⅱ

| 识别特征 | 体型最小的鸭类。雄鸟前额、两颊、颈和下体白色，头顶、背、两翼及尾皆黑而带绿色金属光泽，黑色而带金属绿色的颈环十分明显；雌鸟额与头顶为暗褐色，两颊及额污白色，具黑色贯眼纹，上体褐色，颈部、胸部污白色。

| 分布与习性 | 喜富有水生植物的开阔水域。善游泳和潜水，但很少潜水。喜成对或集小群活动。多数时间都在水中生活，通常不上岸活动。多在白天活动，一般不高飞，且飞行距离不长，但速度较快。2012年在北大港湿地自然保护区有过目击记录。

| 居留状况 | 旅鸟。

18 赤膀鸭

Mareca strepera Gadwall

L 46~58 cm
LC 三

|识别特征| 中型的灰色鸭，体型较绿头鸭、斑嘴鸭略小。体暗褐色，具黑色贯眼纹，翼镜黑白色。雄鸟喙黑色，胸部褐色且有波浪状白色细斑，跗跖橘黄色；雌鸟头较扁，喙橘黄色，嘴峰黑色，体棕色杂以深褐色斑。亚成体似雌鸟，翼镜为灰褐色与灰棕色相间，腹部杂以褐色斑。

|分布与习性| 喜富有水生植物的开阔水域。多成小群活动，也常与其他鸭类混群。性机警，一有危险立即飞起。两翅扇动快速有力，飞行速度极快。常在清晨和黄昏觅食，白天休息。迁徙期时，常成家族群或家族群组成的小群迁徙。

|居留状况| 旅鸟。

19 罗纹鸭

Mareca falcate Falcated Duck

L 46~54 cm
NT 三

|识别特征| 中型鸭类，体型较家鸭略小。雄鸟繁殖期头顶暗栗色，头侧铜绿色金属光泽的冠羽垂至颈部，额基有白斑，白色喉部有一黑色横带；黑白色的三级飞羽向下垂，翼镜绿黑色，下体有黑白相间的波浪细纹，尾两侧有淡黄色三角形斑。雌鸟较雄鸟略小，体色呈褐色杂深色条纹，喙及跗跖暗灰色，两胁略带褐色斑纹。雄鸟非繁殖羽与雌鸟相似。亚成体似雌鸟，但多皮黄色。

|分布与习性| 喜富有水生植物的中小型湖泊等地。喜成对或成小群活动，冬季或迁徙季成大群活动，常与其他种类混群。性机警，飞行迅速灵活，白天多休息，清晨和黄昏才觅食。

|居留状况| 旅鸟、冬候鸟。

20 赤颈鸭

Mareca penelope Eurasian Wigeon

L 42~50 cm

LC 三

| 识别特征 | 中型鸭类，体型较家鸭小，与罗纹鸭相近。雄鸟的头栗色，额至头顶淡黄色，颈棕红色，体羽灰白且杂以褐色波浪状细纹，两胁有白斑，翼镜绿色，飞翔时对比鲜明；雌鸟通体暗褐色，满杂以暗色细纹及细小斑点，翼镜暗灰褐色。

| 分布与习性 | 喜富有水生植物的开阔水域。除繁殖期外，多成群活动。善游泳和潜水，起飞时多呈直线飞起，飞翔快而有力。迁徙时常结成群，排成一条线飞行，速度甚快。

| 居留状况 | 旅鸟。

21 绿头鸭

Anas platyrhynchos Mallard

L 50~60 cm
LC 三

| 识别特征 | 大型鸭类，是家鸭的祖先。跗跖橙黄色，翼镜蓝紫色，翼镜前后缘具宽阔白边。雄鸟喙黄色，头、颈深绿色带金属光泽，颈环白色，胸栗色，背和两翼褐色，下体杂以灰白色波浪状细纹，两对黑色的中央尾羽向上卷曲成钩状；雌鸟体羽棕黄色，满杂以深褐色细纹，贯眼纹深色，上嘴有黑斑。亚成体似雌鸟，下体白色，具深褐色斑纹。

| 分布与习性 | 喜水生植物丰富的开阔湖泊、河流、池塘等水域。繁殖期外多成群活动，特别是迁徙期和越冬期常集成百上千的大群。性好动，叫声清脆响亮，很远即能听到。

| 居留状况 | 旅鸟、冬候鸟、夏候鸟。

22 斑嘴鸭

L 58~63 cm

LC 三

Anas zonorhyncha Eastern Spot-billed Duck

| 识别特征 | 大型的深褐色鸭，体型与绿头鸭相似。头顶及贯眼纹深褐色，嘴黑色，嘴端黄色。体淡棕色，杂有深褐色斑块，跗跖橙红色。雌雄相似，但雌鸟羽色较黯淡，嘴端黄色不明显。亚成体似雌鸟。

| 分布与习性 | 喜开阔湖泊、河流、池塘等生境。我国鸭类中数量最多和最为常见的一种。繁殖期外喜成群活动，也与其他鸭类混群。善游泳，亦善行走，但极少潜水。叫声清脆响亮，很远即能听到。

| 居留状况 | 夏候鸟、旅鸟、冬候鸟。

23 针尾鸭

Anas acuta Northern Pintail

L 雄 61~76 cm
雌 51~57 cm

LC 三

| **识别特征** | 大型鸭类。雄鸟头栗色，颈侧白色纵纹和下体白色相连，两翼灰色，翼镜铜绿色，两胁有灰色波浪状细纹，尾黑色，两枚中央尾羽特别延长；雌鸟体型较雄鸟小，上体暗褐色，杂以黄白色斑纹，下体浅黄色，翼镜褐色，尾略尖长，但较雄鸟短，喙及跗跖灰色。

| **分布与习性** | 喜开阔湖泊、河流、水塘等生境。性胆怯，稍有动静，立即起飞。多白天休息，夜间觅食。喜集群，特别是迁徙季和冬季，常成数十或数百的大群。善游泳，亦善行走，飞翔快速而有力，叫声较低。

| **居留状况** | 旅鸟。

24 绿翅鸭

Anas crecca Green-winged Teal

L 34~38 cm
LC 三

| **识别特征** | 小型鸭类。翼镜绿色，飞行时较明显。跗跖黑色。雄鸟头至颈部栗色，亮绿色金属光泽带浅黄色边缘的贯眼纹十分明显，肩羽上有一道长长的白色条纹，尾黑色，两侧各有一浅黄色三角形斑块，其余体羽满杂以黑白相间的鳞状小细纹，远看似灰色；雌鸟喙褐色，杂以深褐色斑纹，腹部色淡。

| **分布与习性** | 喜开阔、水生植物茂盛且少干扰的湖泊、水塘等生境。喜集群，迁徙季和冬季常集成百上千的大群活动。飞行快速而有力，迁徙时常排成直线或"V"形。善游泳，但在陆上行走，有些笨拙。

| **居留状况** | 旅鸟。

25 琵嘴鸭

Spatula clypeata Northern Shoveler

L 44~52 cm

LC 三

|识别特征| 中型鸭类，体型比绿头鸭稍小。喙较长，末端铲状。雄鸟头部深绿色带金属光泽，腹栗色，背黑色，胸白色，背两边及外侧肩羽白色，且白色连成一体，翼镜金属绿色，跗跖橙红色，喙黑色；雌鸟体型较雄鸟略小，外貌特征不如雄鸟明显，但喙也较大且呈铲状。

|分布与习性| 喜开阔湖泊、河流、水塘等湿地。多成对或成小群活动，有时单只活动，迁徙季会集成数量较大的群体。常与其他鸭类混群，游泳速度不快，很少潜水，叫声单调柔和。常在水边泥土中用铲形嘴挖掘泥沙觅食，或滤水取食水生动物。行动常谨慎小心。飞行能力不强，但快速而有力。

|居留状况| 旅鸟。

26 白眉鸭

L 37~41 cm
LC 三

Spatula querquedula Garganey

♂ ♀

| **识别特征** | 小型鸭类，体型与绿翅鸭相似。雄鸟喙黑色，头颈栗色，具宽而明显的白色眉纹，一直延伸至头后方，极为醒目，胸、背棕色，两胁污白色，杂有灰白色波浪形细纹，翼镜金属绿色，边缘白色较宽；雌鸟上体黑褐色，下体棕白色，白色眉纹不及雄鸟明显，在其下方有一道不明显的白纹，翼镜暗橄榄色。非繁殖期雄鸟似雌鸟，仅飞行时羽色不同。亚成体似雌鸟，但斑纹较多。

| **分布与习性** | 栖息于开阔湖泊、河口、池塘等地。喜成对或小群活动，迁徙期和越冬期多集大群。性胆怯，常在隐蔽处活动、觅食，稍有动静，立即起飞，起飞降落都很灵活。多在白天休息，夜间觅食，从不潜水觅食。

| **居留状况** | 旅鸟。

27 花脸鸭

L 39~43 cm
LC Ⅱ

Sibirionetta formosa Baikal Teal

识别特征 小型鸭类，体型较绿翅鸭、白眉鸭大。雄鸟繁殖羽颜色艳丽，头顶深色，亮绿色的脸部纹理分明且具特征性的黄色月牙斑；胸棕色，胸侧与尾基两侧各有一垂直的白色条带，两胁具黑褐色波浪状细纹；翼镜铜绿色。雌鸟暗褐色，羽缘较淡，嘴基有白色圆形斑，眼后有白色月牙斑；翅上翼镜比雄鸟略小。亚成体似雌鸟，但羽色偏暗，脸斑不明显。

分布与习性 栖息于湖泊、江河、水库等地。喜集群，白天常成小群休息，夜晚则成群飞到附近农田等浅水区寻食。常集大群共同迁徙。叫声短而洪亮。

居留状况 旅鸟、冬候鸟。

28 赤嘴潜鸭

Netta rufina Red-crested Pochard

L 53~57 cm
LC 三

| 识别特征 | 大型鸭类，体型比绿头鸭略小。雄鸟在繁殖期头部呈锈红色，喙橘红色，与黑色前半身对比十分鲜明，上体暗褐色，两胁白色，尾黑色；雌鸟褐色，额、头顶及枕部深褐色，眼周色最深，脸下部、喉及颈侧白色，两胁暗褐色。非繁殖期雄鸟与雌鸟相似，但喙为红色。

| 分布与习性 | 栖息于开阔的湖泊、河流等地。喜成对或小群活动，有时也会集成上百只的大群。善潜水，不善鸣叫，性较迟钝，警惕性不高。主要通过潜水取食，多在清晨和黄昏觅食。

| 居留状况 | 旅鸟。

29 红头潜鸭

Aythya ferina Common Pochard

L 42~49 cm
VU 三

| 识别特征 | 中型鸭类，体型较赤嘴潜鸭略小。雄鸟喙铅灰色，头栗红色，胸和上背黑色，三者对比十分鲜明，背及两胁远看似污白色，实则白色且具黑色波浪状细纹；雌鸟眼周具浅黄色斑纹，头、胸、尾呈深褐色，腹和两胁灰褐色，且杂有浅褐色斑纹。

♀

| 分布与习性 | 栖息于有水生植物的开阔湖泊、水库、水塘、河湾等水域。常集群活动，迁徙期和冬季常集大群活动，有时与凤头潜鸭等混群活动。性机警，善潜水，飞行速度快，但不善陆上活动。

| 居留状况 | 旅鸟、冬候鸟。

♂

30 青头潜鸭

Aythya baeri Baer's Pochard

L 46~47 cm
CR I

|识别特征| 中型的近黑色潜鸭，体型较白眼潜鸭略大。雄鸟头和颈黑绿色且有金属光泽，眼白色，喙蓝灰色，胸深褐色，腹白色延伸至两胁前方，翼镜白色；雌鸟眼褐色，头、颈深褐色，胸淡褐色，喙基有一红栗色圆斑，翼镜与雄鸟同为白色。

|分布与习性| 栖息于富有芦苇、蒲草等水生植物的江河、湖泊和水库等水域。喜成对或小群活动，迁徙期和冬季有时会集成近百只的大群，有时与凤头潜鸭或其他潜鸭混群活动。性机警，善游泳和潜水，翅强而有力，飞行及行走速度均较快。在北大港水库和万亩鱼塘每年均有较为稳定的记录，属于全球极危物种。

|居留状况| 旅鸟、冬候鸟。

31 白眼潜鸭

Aythya nyroca Ferruginous Duck

L 38~42 cm
NT 三

♂

| 识别特征 | 中型深色潜鸭，体型比红头潜鸭略小，与凤头潜鸭相似。仅眼部及尾下覆羽白色，两胁白色比青头潜鸭略少。雄鸟眼白色，头、颈、胸及两胁深褐色，颈基部有不明显的深褐色颈环，翼镜白色，尾下白色十分明显；雌鸟与雄鸟相似，但体色较暗，呈暗灰褐色，眼色淡。飞翔时，翅上下白斑与体色反差强烈，十分明显。亚成体与雌鸟相似，但头两侧与前颈羽色较淡，多呈浅黄色。

♀

| 分布与习性 | 栖息于富有水生植物的开阔湖泊、池塘等地。常成对或小群活动，仅在繁殖后换羽期及迁徙期才集成数量较大的群体。性机警，常潜伏在富有水草的水面活动。善潜水。

| 居留状况 | 旅鸟、夏候鸟。

32 凤头潜鸭

Aythya fuligula Tufted Duck

L 40~47 cm
LC 三

| 识别特征 | 体型中等的矮扁潜鸭，大小及外形与青头潜鸭相似。头部具较长羽冠，轮廓略带方形，眼黄色。雄鸟体羽黑色，仅腹部和体侧为白色；雌鸟通体深褐色，两胁有淡褐色横斑，羽冠比雄鸟略短，脸颊有浅色斑。亚成体与雌鸟相似，但眼为褐色。

| 分布与习性 | 栖息于富有水生植物的开阔湖泊、池塘等地。善游泳和潜水，可潜2~3 m深，潜水时间可达3~5 min。性喜集群，特别是在迁徙期和越冬期，常集上百只的大群活动。起飞时需两翅急速拍打，在水上奔跑一段距离，但飞起之后快而有力。

| 居留状况 | 旅鸟、冬候鸟。

33 斑背潜鸭

🕐 L 42~51 cm
LC 三

Aythya marila Greater Scaup

|识别特征| 中型潜鸭，体型与凤头潜鸭相似。雄鸟比凤头潜鸭略长，眼金黄色，嘴灰蓝色，头、颈黑色，具绿色金属光泽，无羽冠，背白色且杂以波浪状黑色细纹，腹、两胁及翼镜均为白色；雌鸟通体褐色，两胁颜色较浅，嘴基具白色宽环带斑。飞翔时，白色的翼镜、翼下覆羽及腹部均十分明显。

|分布与习性| 栖息于富有植物的湖泊、河流、水塘等地。性喜集群，除繁殖期成对活动，非繁殖期多集群活动，有时与其他潜鸭混群。善游泳和潜水，主要通过潜水觅食。飞行快而有力，但起飞时需助跑。

|居留状况| 旅鸟、冬候鸟。

34 斑脸海番鸭

L 51~58 cm
LC 三

Melanitta fusca **Velvet Scoter**

♀

♂

| 识别特征 | 大型鸭类，是我国海番鸭中体型最大的。雄鸟黑色，眼后有半月形白色斑块，喙红色，嘴基有一明显的黑色肉瘤，翼镜白色；雌鸟暗褐色，耳部及上嘴基部各有一圆形白色斑块，翼镜白色。亚成体与雌鸟相似，但体色较浅，脸部白斑不明显。

| 分布与习性 | 喜在稀疏林木生长的内陆淡水湖泊处繁殖，迁徙期间多见于内陆湖泊、河口，冬季则偏好沿海海域。性喜集群，除繁殖期多集群活动，特别是迁徙季和冬季。常在白天觅食，潜水十分频繁。

| 居留状况 | 旅鸟、冬候鸟。

35 长尾鸭

Clangula hyemalis Long-tailed Duck

L 雄 51~60 cm
雌 37~47 cm

VU 三

| 识别特征 | 中型鸭类。夏季：雄鸟尾羽特别长，头、颈和胸黑色，腹白色，眼部具大型白色脸斑，背深褐色具棕红色羽缘；雌鸟尾短，头部为淡黑色，脸斑为灰白色，背部灰褐色。冬季：雄鸟黑色中央尾羽特别延长，胸部黑色，耳部有大块黑斑，灰白色肩羽也特别延长；雌鸟整体呈褐色，头部、腹部白色，头顶黑色延伸至颈侧黑斑。

| 分布与习性 | 栖息于沿海水域、海岛和海湾。白天成群在海岸、江河与湖泊中活动，在近北极圈附近的水边繁殖。性喜集群，除繁殖期多集群活动，有时也和其他鸭类混群活动，冬季多按性别集群。善游泳和潜水，潜水时间较长，常在白天潜水觅食，极少到陆地活动。

| 居留状况 | 冬候鸟。

36 鹊鸭

Bucephala clangula Common Goldeneye

L 40-48 cm
LC 三

| 识别特征 | 中型深色潜鸭。头大，略呈三角形，眼金色，喙、颈较短，尾较尖。繁殖期雄鸟头部黑色带绿色金属光泽，嘴基处具大的白色圆斑，颈、胸、腹及两胁白色，次级飞羽极白，跗跖橙黄色；雌鸟体型略小于雄鸟，头褐色，喙黑色且先端为橙色，背、腹和两胁烟灰色，具黑白色波浪状细纹，具白色前颈环。非繁殖雄鸟与雌鸟相似，但近嘴基处有浅色斑块。

| 分布与习性 | 栖息于流速缓慢的江河、湖泊、水库和沿海水域。除繁殖期多成群活动。性机警，距人很远即飞。善游泳和潜水，能长时间潜水觅食。飞行快而有力，但起飞时需助跑。

| 居留状况 | 旅鸟、冬候鸟。

37 斑头秋沙鸭

L 38~44 cm
LC　II

Mergellus albellus Smew

| **识别特征** | 小型的黑白色鸭。雄鸟繁殖期体白色，眼周和眼先黑色，头后有明显的白色冠羽，枕纹、背部、初级飞羽及胸侧的狭窄条纹亦为黑色，两胁具黑白色波浪状细纹；雌鸟比雄鸟体型稍大，眼周近黑色，额、头顶及后枕均为栗色，白色的喉部与头部栗色对比十分鲜明，上体黑褐色，背、胸和两胁灰褐色，下体白色，具白色翼斑。雄鸟非繁殖羽与雌鸟相似，但眼先黑色部分较窄。

| **分布与习性** | 栖息于湖泊、河口、水库、海湾和沿海沼泽等地。常成小群活动，通常雌、雄鸟分别集群，有时也与其他鸭类混群。善游泳和潜水，极少上岸。性机警，稍有干扰即飞起。飞行迅速，无须助跑。

| **居留状况** | 旅鸟、冬候鸟。

38 普通秋沙鸭

Mergus merganser Common Merganser

L 58~68 cm
LC 三

|识别特征| 体型略大的食鱼鸭，是秋沙鸭中个体最大的一种。喙细长而具钩。繁殖期雄鸟头及背部黑色具绿色金属光泽，与白色的胸部和下体成鲜明对比，枕部有短的深色冠羽，飞翔时翼白色而外侧三级飞羽黑色；雌鸟及非繁殖期雄鸟的头和上颈棕褐色，颏白色，上体深灰色，下体浅灰色，具白色翼镜。亚成体与雌鸟相似，但喉部白色延伸至胸。

|分布与习性| 繁殖期偏好森林及其附近的水域，非繁殖期则多见于较大的内陆湖泊、水库、河口等淡水水域。常成小群活动，迁徙期和冬季多集成大群，偶见单只活动。起飞时需要助跑，飞行时两翅扇动较快，振翅声清晰。善潜水，潜水时间长，也能在陆地上行走。性警觉，难以靠近。

|居留状况| 旅鸟、冬候鸟。

39 红胸秋沙鸭

Mergus serrator Red-breasted Merganser

L 52~58 cm

LC 三

| **识别特征** | 体型中等的食鱼鸭。喙红色，细长带钩。雄性头黑色，冠羽尖长。颈部白色。背黑色。雄鸟胸红色具斑，腹部白色；雌鸟色暗，头部棕色，胸部色浅。跗跖红色。

| **分布与习性** | 活动于森林中的湖泊、沿海、河流及河口。常在水中觅食活动。

| **居留状况** | 旅鸟、冬候鸟。

40 中华秋沙鸭

🌐 L 52~62 cm
EN I

Mergus squamatus Scaly-sided Merganser

| **识别特征** | 大型鸭类，体型较其他鸭类略瘦。喙暗红色，细长而尖，尖端具钩。雄鸟头至上颈部呈黑色且带有绿色金属光泽，具长冠羽，上背黑色，两胁白色，且羽端具黑色横纹，故形成特征性鳞状纹，跗跖红色；雌鸟体色比雄鸟偏暗，头和上颈棕栗色，后颈下部和上体灰褐色，体侧具黑白色波浪状斑纹。亚成鸟头棕红色，背灰色，肩部及腰部具白斑。

| **分布与习性** | 繁殖期多栖息于林中多石的河谷与溪流，秋冬季则栖息于开阔的江河与湖泊中。善游泳和潜水，潜水时间较长，常边游泳边潜水，几乎不上岸活动。亦善飞行，飞行高度较低。性机警，稍有动静即飞走。2019年3月17日在北大港水库河道曾记录到1对。数量稀少，属全球濒危物种。

| **居留状况** | 旅鸟。

41 白头硬尾鸭

L 45~46 cm
EN I

Oxyura leucocephala White-headed Duck

♂

| **识别特征** | 雄鸟喙亮蓝色，基部隆起膨大，头顶、枕部和颈黑色，脸部白色。雌鸟头棕褐色，体褐色，有白色颊纹。尾尖而硬。

| **分布与习性** | 分布于开阔湖泊、沼泽地带。尾部常常翘起。潜水觅食水草等水生植物。2018年10月22日在北大港万亩鱼塘记录到1只。数量稀少，属全球濒危物种。

| **居留状况** | 迷鸟。

鹍鹉目 / PODICIPEDIFORMES

鹍鹉科 Podicipedidae

42 小鹍鹉

L 23~29 cm
LC 三

Tachybaptus ruficollis Little Grebe

| 识别特征 | 我国最小的鹍鹉。颈部较短，体型扁圆，看似无尾。成鸟繁殖羽面颊与前颈为栗红色，头顶、枕部及下体为深棕色。非繁殖羽为棕褐色和浅黄色。翼短小，翼上均匀的深褐色与翼下的白色形成鲜明对比。嘴短小，繁殖期为黑色，嘴基为亮黄色；非繁殖期嘴肉色，嘴基为淡黄色。虹膜黄色或淡黄色，跗跖深灰色。

| 分布与习性 | 多单独或小群活动于水生生物丰富的池塘、湖泊、水库及河流，海滨甚少见。潜水觅食，飞行时通常贴水面低飞，繁殖期营浮巢于水面。

| 居留状况 | 留鸟。

繁殖羽

非繁殖羽

43 凤头鹛鹛

L 46~51 cm
LC 三

Podiceps cristatus Great Crested Grebe

|识别特征| 我国最大的鹛鹛。颈部优雅细长，面部和眉纹白色，与黑色和橙色的头部形成鲜明对比。成鸟非繁殖期羽色较淡，无羽冠和耳羽簇，与赤颈鹛鹛区别在于顶冠的黑色不过眼，具清晰狭窄的黑色眼先。飞行时颈部长直，足大，次级飞羽和翅前缘为白色。嘴粉红至角质色，长而直，虹膜深红色，跗跖灰色。

|分布与习性| 繁殖于芦苇较多的大型内陆湖泊。飞行时振翅快速。求偶炫耀时，相互对视，身体高高挺起并点头。迁徙期和越冬期也见于滨海、河流及水库。

|居留状况| 夏候鸟、旅鸟、冬候鸟。

44 角䴙䴘

Podiceps auritus Horned Grebe

L 31~38 cm
VU　Ⅱ

| 识别特征 | 中等体型的䴙䴘，容易与体型略小的黑颈䴙䴘混淆。头较黑颈䴙䴘小且扁平。成鸟繁殖期羽色鲜艳，略具羽冠，宽阔的金黄色横带自嘴基延伸至头顶。非繁殖期黑色顶冠向下延伸至眼部，与白色的脸颊及颈侧形成鲜明对比。嘴短而强壮，繁殖期为黑色并具灰白色先端；非繁殖期为灰色且具白色先端。虹膜为深红色，跗跖灰色。

非繁殖羽

| 分布与习性 | 多见于植物丰富的浅水湖泊，迁徙期和越冬期常见于滨海浅水地带，也见于内陆湖泊及河流。在北大港主要分布于万亩鱼塘区域。

| 居留状况 | 旅鸟。

繁殖羽

45 黑颈䴙䴘

L 28~34 cm
LC Ⅱ

Podiceps nigricollis Black-necked Grebe

识别特征 中等体型、羽色略深的䴙䴘，较角䴙䴘略小。颈部略细，具疏松的金黄色伞形耳羽。身躯矮胖滚圆。头部滚圆，羽冠中部耸起，前部向下倾斜。非繁殖期，黑色顶冠延伸至眼部以下，脸颊较角䴙䴘干净，颈部色暗。嘴细长而尖，与角䴙䴘的区别在于，下嘴尖峰向上倾斜，嘴为黑色或浅灰色，虹膜亮红色，跗跖暗灰色。

分布与习性 常以松散的小群活动于植物茂盛的湖泊、池塘。迁徙期及越冬期常见于内陆湖泊、河流，也见于河口，少见于海面。

居留状况 旅鸟。

红鹤目 / PHOENICOPTERIFORMES

红鹤科 Phoenicopteridae

46 大红鹳

L 130~142 cm

LC 三

Phoenicopterus roseus Greater Flamingo

| **识别特征** | 体羽白色，沾粉红色。喙形似靴，粉红而端斑黑色。颈部细长，飞羽黑色。尾短。腿红色而长，向前的3个趾间具全蹼，后趾则较小。

| **分布与习性** | 集群栖息于盐水湖泊、沼泽和礁湖的浅水海岸，以及生长着各种丰富藻类的水体。滤食水中的藻类、原生动物、小蠕虫、昆虫幼虫。近年在北大港万亩鱼塘有着较为稳定的记录，最多曾记录到11只个体。

| **居留状况** | 旅鸟。

鸽形目 / COLUMBIFORMES

鸠鸽科 Columbidae

47 山斑鸠

○ L 26~36 cm
LC 三

Streptopelia orientalis Oriental Turtle Dove

| 识别特征 | 较家鸽略小。全身偏粉色。前额和头顶前部蓝灰色，虹膜黄色；嘴灰色；颈侧具有呈明显黑白条纹的块状斑。上体棕色，下体多偏粉色，腰灰色；尾羽近黑色，末端浅灰色，脚红色。

| 分布与习性 | 一般栖息于平原和山地的树林间。常成对或成小群活动，有时成对栖息于树上，或成对一起飞行和觅食。在地面活动时十分活跃，常边走边觅食，头前后摆动。

| 居留状况 | 留鸟。

48 灰斑鸠

L 25~43 cm

LC 三

Streptopelia decaocto Eurasian Collared Dove

| 识别特征 | 全身褐灰色。额和头顶前部灰色，虹膜褐色，嘴灰色；后颈具醒目的黑白色半领圈。背部、腰为淡葡萄色，飞羽黑褐色；尾上覆羽灰褐色；下体淡粉红灰色，脚粉红色。

| 分布与习性 | 一般栖息于平原和山地的树林间，在谷类等食物充足的地方会形成相当大的集群。经常活动于人类的居住区周围，不畏人。

| 居留状况 | 留鸟。

49 珠颈斑鸠

L 28~32 cm
LC 三

Streptopelia chinensis Spotted Dove

| 识别特征 | 全身粉褐色。头部为深蓝色，颈侧具珍珠状的白色斑点；背部、翅膀为灰褐色，下腹部为暗红色，尾部灰褐色，外侧尾羽黑色，尾端白色；虹膜橘黄色，嘴暗褐色，脚红色。

| 分布与习性 | 在草地和农田中觅食，主要以果实、谷物和其他植物的种子为食，也会捕食昆虫。多单独或成对出现。

| 居留状况 | 留鸟。

夜鹰目 / CAPRIMULGIFORMES

夜鹰科 Caprimulgidae

50 普通夜鹰

L 26~28 cm

LC 三

Caprimulgus indicus Grey Nightjar

|识别特征| 全身偏灰黑色。头顶、额、枕具宽阔的黑色中央纹；上体灰褐色，密布黑褐色和灰白色斑点；背部具黑色块斑和棕色斑点；飞行时可见最外侧三对初级飞羽内侧近翼端处有一大块白色斑；外侧四对尾羽具白色斑纹。虹膜褐色，嘴偏黑色，脚深棕色。

|分布与习性| 主要栖息于阔叶林和针阔叶混交林中，也出现于灌丛。单独或成对活动。夜行性，白天多蹲伏于林中草地上或卧伏在阴暗的树干上。叫声清脆而洪亮，似机关枪声。

|居留状况| 夏候鸟、旅鸟。

51 短嘴金丝燕

🌍 L 14 cm
LC 三

Aerodramus brevirostris Himalayan Swiftlet

夜鹰目

| **识别特征** | 小型雨燕。雌雄同色，尾羽呈浅叉状，两翼镰刀状。上体烟褐色，腰部淡。下体淡褐色，胸以下具褐色或黑色羽干纹。嘴短，呈黑色。

| **分布与习性** | 常在高空中飞行，与其他燕类混群。群居洞穴，在空中觅食，主要以各种飞行昆虫为食。2016年10月1日在北大港湿地记录到1只。

| **居留状况** | 迷鸟。

52 普通雨燕

L 21 cm
LC 三

Apus apus Common Swift

| 识别特征 | 全身黑褐色。喉白色；胸部为一道深褐色的横带所隔开；尾略叉开，两翼相当宽。虹膜褐色，嘴黑色，脚黑色。

| 分布与习性 | 常在高空生活，以昆虫为食，营巢于高大建筑物缝隙中。常集群活动。飞行速度快，边飞边叫。振翅频率相对较慢。

| 居留状况 | 夏候鸟。

夜鹰目

53 白腰雨燕

Apus pacificus Fork-tailed Swift

L 18 cm
LC 三

| 识别特征 | 上体羽黑色，下体羽黑褐色具白色羽缘。喉白色，腰白色。尾长，分叉深。

| 分布与习性 | 栖息于近水源的峭壁、悬岩处。高空集群绕圈飞行，在飞行中捕食昆虫。

| 居留状况 | 夏候鸟、旅鸟。

鹃形目 / CUCULIFORMES

杜鹃科 Cuculidae

54 四声杜鹃

Cuculus micropterus Indian Cuckoo

L 30~34 cm
LC 三

| 识别特征 | 雌雄相近。雄鸟头顶和后颈暗灰色，头侧淡灰色；背部和两翼表面为浓褐色；下体自胸部以下均为乳白色，中央尾羽与背部同色，但具有一道宽阔的黑色近端横纹；雌鸟头顶稍带有褐色，胸部沾有棕色。眼圈黄色，虹膜红褐色，上嘴黑色，下嘴偏绿，脚黄色。

| 分布与习性 | 多栖息于平原，城市中也常有分布。具有巢寄生的习性。叫声四声一度，类似"光棍好苦"。

| 居留状况 | 夏候鸟。

55 大杜鹃

Cuculus canorus Common Cuckoo

L 31~33 cm
LC 三

| **识别特征** | 雌雄相近。头顶、枕至后颈暗银灰色，前额浅灰褐色；背部暗灰色，上胸淡灰色，下体白色，并杂以黑暗褐色细窄横斑；腰及尾上覆羽蓝灰色；尾羽黑褐色且末端具白色先斑；虹膜及眼圈黄色，上嘴深色，下嘴黄色，脚黄色。

| **分布与习性** | 多栖息于山地及平原的树上以及居民点附近。具有巢寄生的习性。叫声两声一度，类似"布谷"。

| **居留状况** | 夏候鸟。

鸨形目 / OTIDIFORMES

鸨科 Otididae

56 大鸨

Otis tarda Great Bustard

L 雄 90~105 cm
L 雌 75~85 cm
VU I

| 识别特征 | 体型最大的飞禽。身体壮实，头部较大，颈部较长，尾短，腿较长。头颈部为浅灰色，上体为黄褐色具黑色斑纹，尾部颜色较深；下体白色。繁殖期雄鸟面部具延长的白色髭须，胸部具宽阔的栗色带；雌鸟明显小，无栗色胸带，整体羽色为浅沙褐色，颈部更细，少灰色。嘴灰角质色；眼大，深褐色；腿灰绿色。

| 分布与习性 | 喜开阔的低草地。性机警。常助跑起飞，飞行速度快，振翅较深。越冬期常集小群活动。主要分布在北大港水库西部收割过的芦苇地，在万亩鱼塘附近的荒地也有过记录。数量稀少，属全球易危鸟类。

| 居留状况 | 旅鸟、冬候鸟。

鹤形目 / GRUIFORMES

秧鸡科 Rallidae

57 西秧鸡

🌐 L 23~29 cm
LC

Rallus aquaticus Water Rail

| **识别特征** | 成鸟上体暗褐色，黑色羽毛的羽缘呈褐色。脸部和颈侧为蓝灰色，胸部蓝灰色，下颈部至胸部的褐色多变；胁部至尾下为黑色带白色或偏黄色横斑。幼鸟整体浅黄色，下体具黑色和浅黄色相间的斑纹。翅膀褐色，较宽较长。嘴长略下弯，红色，嘴尖和嘴峰发黑，眼深红色，跗跖粉灰色。

| **分布与习性** | 栖息于沼泽、苇塘、湿润的草地及农田。性羞怯。2016年4月2日在北大港湿地自然保护区记录到1只。

| **居留状况** | 迷鸟。

58 普通秧鸡

Rallus indicus Brown-cheeked Rail

L 24~28 cm
LC 三

鹤形目

| 识别特征 | 喙红色，上缘褐色。脸、喉及胸部灰色。具宽阔的褐色眼纹和白色上眼先。上体羽褐色具黑色条纹。下体灰色带棕色调，尤其是胸部。两胁和尾下具宽黑白横斑。

| 分布与习性 | 栖息于稠密芦苇沼泽地和半水生的地带。常单独行动，行走在水草上。杂食性。

| 居留状况 | 旅鸟、冬候鸟。

59 斑胁田鸡

L 20–22 cm
NT Ⅱ

Zapornia paykullii Band-bellied Crake

| 识别特征 | 成鸟上体暗褐色，颈侧、顶冠、胸及前腹部棕栗色，颏白色，两胁和尾下近黑色且具白色细横斑，雌性的暗斑显棕色。大覆羽及中覆羽有不明显的白斑。喙青灰色，腿红色。亚成鸟似成鸟，但脸、颈和胸的棕栗色不明显，腿紫褐色。

| 分布与习性 | 主要栖息于潮湿至干燥的密草地，常在村庄、农田附近活动。不喜开阔的水面。

| 居留状况 | 夏候鸟、旅鸟。

60 白胸苦恶鸟

L 28~33 cm

LC 三

Amaurornis phoenicurus White-Breasted Waterhen

| **识别特征** | 体型与黑水鸡相似。成鸟从顶冠至尾、翅均为很深的蓝灰色，与白色的面部、前额及下体形成鲜明对比；下腹和尾下覆羽为浅黄褐色。幼鸟的面部、前额及胸部为灰白色。嘴结实，为草黄色，上嘴基红色，眼黑色，跗跖亮黄色。

| **分布与习性** | 通常活动于溪流、河流、沼泽、草地和农田。焦躁时尾部上下轻弹。

| **居留状况** | 夏候鸟。

鹤形目

61 董鸡

Gallicrex cinerea Watercock

L 雄 42~43 cm
　雌 35~36 cm

LC 三

| 识别特征 | 体型较黑水鸡略大，但较细长。尾部通常倾斜。繁殖期雄鸟多为暗蓝灰色或深灰黑色，背部和翅上羽毛边缘褐色。雌鸟和非繁殖期雄鸟显土黄色；下体具细小的暗褐色斑纹；上体局部和翅上羽毛的中部深色具淡黄色羽缘。嘴橙色具黄色尖端，繁殖期雄鸟的红色盾状额甲向上延伸成角状，雌鸟、幼鸟及非繁殖期雄鸟为黄角质色，无盾状额甲。繁殖期雄鸟眼为深红色，跗跖为暗红色；非繁殖期眼为褐色，跗跖为暗绿色或赭色，趾很长。

| 分布与习性 | 通常出现于沼泽等湿地，迁徙期也见于草丛和灌丛。性羞怯，多夜间行动。在北大港最近一次的记录为2013年。

| 居留状况 | 夏候鸟。

62 黑水鸡

L 30~38 cm
LC 三

Gallinula chloropus Common Moorhen

| **识别特征** | 体型较大的深色秧鸡。成鸟几乎全为暗灰蓝色，上体染褐色，胁部具明显的白色条纹。尾较长，尾上覆羽白色具竖直的黑色中央条纹，弹动尾部时易见。行走时头部前后伸缩似鸽子状。幼鸟暗灰褐色，颏、喉发白，尾下覆羽和胁部斑纹为白色。嘴形结实，亮红色具黄色尖端，红色盾状额甲延伸至前额。幼鸟为暗红色，眼栗色，跗跖黄绿色，近羽区具橙红色斑点，趾特长。

| **分布与习性** | 广泛分布于各类淡水湿地，通常见于开阔的水草茂密处。觅食于水面开阔处或陆地。

| **居留状况** | 夏候鸟、旅鸟。

63 白骨顶

Fulica atra Common Coot

L 36~39 cm
LC 三

|识别特征| 体型较大、矮壮、背部隆起。全身黑色，嘴和额甲为显眼的白色。幼鸟为暗烟褐色，喉、胸发白。成鸟嘴白色具染粉色，延伸至前额形成清晰的盾状；幼鸟嘴灰色；成鸟眼深红色，幼鸟为暗褐色。跗跖暗绿色，脚灰色具明显的瓣状趾。

|分布与习性| 多栖息于各类淡水水体，从池塘到水草丰富的湖泊均有分布，繁殖期常追逐打斗，非繁殖期喜集群活动。

|居留状况| 夏候鸟、旅鸟、冬候鸟。

64 白鹤

L 140 cm
CR Ⅰ

Grus leucogeranus Siberian Crane

鹤形目

| **识别特征** | 体型较大的白色鹤类。成鸟身体白色，面部红色，翅尖黑色。静息时似大白鹭，白色的三级飞羽几乎全盖住黑色的初级飞羽。幼鸟为黄棕色，随着年龄增长而逐渐换羽为白色，第一冬时，其头部、颈部和飞羽仍留有褐色。嘴橙黄色，裸露至眼的面部皮肤和顶冠前部为红色，眼黄色，跗跖红色。

| **分布与习性** | 繁殖于苔原的湿地或林中池塘；迁徙期和越冬期间见于各类湿地，如沼泽、滩涂、浅水湖泊等。飞行时缓慢而有节奏。主要分布于北大港水库西部，在万亩鱼塘、南部水循环均有过记录。数量稀少，属全球极危物种。

| **居留状况** | 旅鸟。

65 白枕鹤

Grus vipio White-naped Crane

L 120~153 cm
VU I

鹤形目

| **识别特征** | 优雅高大的灰白色鹤类。头大部分为白色，眼先和前额为白色，眼周为大块红斑，边缘为深灰色，耳斑也为深灰色。后颈白色，前颈、背部、胸部和下体为深灰色，肩部为浅灰色，覆羽灰白色，三级飞羽近白色。嘴为发黄的角质色，眼黄色，跗跖暗粉色。

| **分布与习性** | 常见于各类湿地和闲置的农田。非繁殖期集群，常由多个家族组成较大的群体。在北大港湿地保护区各个区域均有过记录。

| **居留状况** | 旅鸟、冬候鸟。

66 蓑羽鹤

L 68~105 cm
LC Ⅱ

Grus virgo Demoiselle Crane

| 识别特征 | 体型较小的鹤类。喙黄绿色。体羽灰色。眼先、喉、前颈黑色，前颈黑羽悬垂于胸部。眼后耳羽白色。初级飞羽灰黑色。脚黑色。

| 分布与习性 | 栖息于开阔平原草地、草甸沼泽、芦苇沼泽、苇塘、湖泊、河谷、半荒漠和高原湖泊草甸、农田等各种生境中。

| 居留状况 | 罕见旅鸟。

鹤形目

67 丹顶鹤

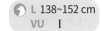

L 138~152 cm
VU I

Grus japonensis Red-crowned Crane

| **识别特征** | 体型较大的鹤类。成鸟大部分为白色，头部和颈部为黑色，宽阔的白色条带自眼后延伸至后枕，前额黑色，顶冠红色，大小随兴奋程度而变化。雄鸟的红色顶冠更大，松散的三级飞羽和次级飞羽为黑色，其余体羽雪白。幼鸟多呈深褐色，头部和颈部不黑，无红色顶冠。亚成鸟初级飞羽尖端通常为黑色，嘴为深角质色。成鸟眼红褐色，幼鸟黑色。跗跖黑灰色至黑色。

| **分布与习性** | 喜多芦苇的开阔湿地，较其他鹤更多在近水处栖息。迁徙期、越冬期以及夏季的非繁殖个体多在滨海滩涂、湖泊、开阔农田活动。冬季以家庭为单位集群在河流和开阔农耕地活动。2019年3月11日在大港油田幸福路近水电厂段记录到17只群体飞过。数量稀少，属全球易危物种。

| **居留状况** | 旅鸟。

68 灰鹤

Grus grus Common Crane

L 96~125 cm
LC II

| **识别特征** | 体型高大，较苍鹭或东方白鹳更高。成鸟头为黑白两色，前颈黑色，松散宽大的三级飞羽为深灰色，覆盖于黑色尾羽之上。顶冠前部红色，宽阔的白色条带自眼后沿头侧延伸至颈侧。幼鸟肩部覆羽具褐色，头、颈为黄灰色。嘴似匕首状，较钝，为发绿的角质色，眼黄色，黑色的跗跖修长。

| **分布与习性** | 广泛分布于小水塘至宽阔水面的各类浅水湿地，迁徙期和越冬期常见于农田、草地和湖泊周围。越冬期以家庭为单位活动，常集大群，有时也与其他鹤类混群。主要分布于北大港水库西部荒地。

| **居留状况** | 旅鸟、冬候鸟。

鹤形目

69 白头鹤

Grus monacha Hooded Crane

L 91~100 cm
VU Ⅰ

鹤形目

识别特征 体型较小的深色鹤类。成鸟几近深灰色，头、颈白色。前额和眼先为黑色，顶冠前部为红色，常被黑色羽毛覆盖。幼鸟无黑色和红色前额，头、颈为锈白色，较成鸟多褐色。嘴为发绿的角质色，眼深红色，跗跖细长为灰黑色。

分布与习性 迁徙期和越冬期见于湿地、草地和农田，常见于湖泊周围。通常集群活动，冬季以家庭为单位活动，组成密集的大群。在北大港水库周边偶见。

居留状况 旅鸟。

鸻形目 / CHARADRIIFORMES

蛎鹬科 Haematopodidae

70 蛎鹬

L 40~47.5 cm
NT 三

Haematopus ostralegus Eurasian Oystercatcher

|识别特征| 黑白色涉禽，喙鲜红且长直。成鸟上体、头、颈黑色，下体自肩、胸中段至尾下覆羽均为白色，脚粉红色。飞行时上翼初级、次级飞羽有白色翅斑，腰白色，尾白色，尖端黑色。

|分布与习性| 常单独或呈小群出现在河口和潮间带的砂质或泥质滩涂上。以各种软体动物和沙蚕为食。

|居留状况| 旅鸟。

鸻形目

71 黑翅长脚鹬

L 35~40 cm
LC 三

Himantopus himantopus Black-winged Stilt

鸻形目

|识别特征| 体型高挑且腿长的黑白色涉禽。成鸟除背部及翅黑色，通体白色，虹膜红色，喙黑色，腿粉红色，尾灰白色，后颈至头顶暗黑色。雄鸟头部颜色较雌鸟稍深。亚成鸟背部及翅颜色呈浅灰色，头、颈、肩部颜色较成鸟略浅。

|分布与习性| 栖息于开阔湿地环境。单独、成对或小群活动，非繁殖期可见大群聚集，在浅水区域取食软体动物、昆虫等。多在北大港芦苇丛中营巢繁殖。

|居留状况| 夏候鸟、旅鸟。

72 反嘴鹬

L 42~45 cm
LC 三

Recurvirostra avosetta Pied Avocet

| 识别特征 | 喙明显上翘的黑白色涉禽。喙细长、黑色，虹膜暗红色，腿灰蓝色。成鸟肩羽、初级飞羽黑色，翼上覆羽具黑色斑块，翼下除外侧初级飞羽黑色其余均为白色。亚成鸟上体呈深灰色。

| 分布与习性 | 栖息于浅水湿地，包括内陆草原湖泊、河流和沿海滩涂。繁殖、迁徙季节集群活动，在浅水中边走边用喙左右扫动觅食，会游泳。多在北大港裸露地表区域繁殖。

| 居留状况 | 夏候鸟、旅鸟。

73 凤头麦鸡

L 28~31 cm
NT 三

Vanellus vanellus Northern Lapwing

| 识别特征 | 中型鸻类。头部有独特的羽冠，翅宽圆。成鸟头顶、面部、颏、胸黑色；耳羽、颊、腹至胁部白色。尾下覆羽暗橙黄色，上体暗绿色具金属光泽，胸具宽阔的黑色环带，腿肉红色。雌鸟与雄鸟体色相似，但羽冠较短。飞行时振翅慢，翼下黑白分明。

| 分布与习性 | 栖息于湿地边缘和草原，越冬时常集群出现在草原和农田。食昆虫、软体动物和植物种子等。

| 居留状况 | 旅鸟。

74 灰头麦鸡

L 34~37 cm
LC 三

Vanellus cinereus Grey-headed Lapwing

鸻形目

| 识别特征 | 中型鸻类。头、颈、胸灰色，胸具宽阔的黑色环带，腹部白色。上体褐色，翅黑白相间，尾羽白色，端部有宽阔黑斑，喙黄色且端部黑色。非繁殖羽胸部环带颜色不明显。第一年亚成鸟下体、胸灰色。飞行时可见黑色初级飞羽和白色次级飞羽，并可观察到白腰。

| 分布与习性 | 栖息于平原地带各种湿地环境、农田、草原。成对或小群活动，主要以昆虫为食。

| 居留状况 | 旅鸟。

75 金鸻

Pluvialis fulva Pacific Golden Plover

L 23~26 cm
LC 三

鸻形目

| 识别特征 | 中型鸻类。腿长，头小。成鸟繁殖羽面部、下体黑色，自前额过眉沿颈至胁部有一条白带；上体金色、黑白相间。非繁殖羽成鸟颜色变暗，呈浅黄色、淡金色，黄白色眉纹清晰，灰斑状耳羽明显。飞行时上翼带白色横纹，下翼深灰色。

| 分布与习性 | 栖息于河流、湖泊、农田、草原等地带。单独或小群活动。生性机敏，飞行迅速。

| 居留状况 | 旅鸟。

76 灰鸻

Pluvialis squatarola Grey Plover

L 27~32 cm
LC 三

鸻形目

|**识别特征**| 喙黑色。成鸟繁殖羽上体羽黑褐色,羽端白色。脸、前颈到腹部黑色。非繁殖羽棕色或灰色。腋羽黑色。

|**分布与习性**| 栖息于海滨、湖泊、池塘、沼泽、水田、盐湖等湿地。食昆虫、小鱼、虾、蟹、牡蛎及其他软体动物。

|**居留状况**| 旅鸟。

77 长嘴剑鸻

L 19~21 cm
LC　三

Charadrius placidus Long-billed Plover

|识别特征| 小型鸻类。喙黑色，喙、脚均较长，前额白色，头顶有黑色横斑，具黑色贯眼纹。上体灰褐色，下体白色，颈部颈环窄。飞行时可见狭窄的白色翼斑。亚成体羽色较淡，头上无黑色横斑。

|分布与习性| 常栖息于砾石、砂质河岸、湖岸边，迁徙季节有时会出现在农田。飞行快速，高度较低。主要以昆虫为食。

|居留状况| 旅鸟。

鸻形目

78 金眶鸻

Charadrius dubius Little Ringed Plover

L 14~17 cm
LC 三

鸻形目

| 识别特征 | 小型鸻类。上体羽色灰褐色，前额白色，头顶有黑色横斑，金色眼眶。成鸟繁殖羽胸部有宽阔的黑色颈环；非繁殖羽颈环为浅灰色。亚成体大致似成鸟，但头顶黑色横斑不明显，过眼线、颈环褐色。

| 分布与习性 | 单独或小群出现于河口、潮间带及内陆湖泊湿地。迁徙季节有时会出现在农田。

| 居留状况 | 夏候鸟、旅鸟。

79 环颈鸻

Charadrius alexandrinus Kentish Plover

L 15~17.5 cm
LC 三

| 识别特征 | 小型鸻类。喙黑色，脚黑灰色，前额与眉纹白色相连，有缺口状颈环，在胸前断开。繁殖羽雄鸟前额顶部黑色，头顶橙色或茶褐色，贯眼纹黑色；雌鸟头顶、贯眼纹、颈环灰褐色，其余部分似雄鸟。亚成体与成鸟相似，但头部无黑色横斑，全身羽色较淡。

| 分布与习性 | 成群出现在滩涂、河口、鱼塘、盐池、农田等地。行动敏捷轻巧，行走快速，边走边啄食。以沙蚕、昆虫等动物为食。

| 居留状况 | 夏候鸟、冬候鸟、旅鸟。

鸻形目

80 蒙古沙鸻

L 18~21 cm
LC 三

Charadrius mongolus Lesser Sand Plover

| **识别特征** | 小型鸻类。喙粗短，脚暗灰绿色。C.M.mongolus亚种繁殖羽雄鸟前额白色，额上方有黑色横纹，*atifrons*亚种前额黑色。沿黑色贯眼纹上方有一条狭窄白带，头顶、背部灰褐色，喉、颈前白色；后颈、颈侧、颈前下半部分至上胸连成一片橙红色或红褐色，颈部橙色内缘有黑色细边与贯眼纹相连；腹部以下白色。雌鸟似雄鸟，但前额无黑色横斑，橙色较淡；非繁殖羽橙色消失，背部颜色变为浅灰色，腹部略带黄褐色。飞行时可见上翼白色翼带。

| **分布与习性** | 通常单独出现于海岸附近的空旷草地、旱田和湿地边缘的砂石地带。觅食时走走停停，以昆虫、软体动物等为食。

| **居留状况** | 旅鸟。

鸻形目

81 铁嘴沙鸻

L 22~25 cm
LC 三

Charadrius leschenaultii Greater Sand Plover

| 识别特征 | 外形似蒙古沙鸻，略大，喙长而厚，腿较长，腿黄褐色，上胸橙红色比蒙古沙鸻窄，内缘无明显黑边。非繁殖羽类似蒙古沙鸻，腹部无黄褐色。亚成体体色似非繁殖羽成鸟，但颜色较淡。飞行时也可见上翼白色翼带。

| 分布与习性 | 栖息于海滨、河口、湖泊、草地。常成群在泥滩上觅食，边走边觅食，以昆虫、软体动物等为食。

| 居留状况 | 旅鸟。

82 东方鸻

Charadrius veredus Oriental Plover

L 22~26 cm
LC 三

鸻形目

| **识别特征** | 雄鸟繁殖羽头顶、背部沙褐色，脸、前额白色，喉白色，前颈棕色。胸棕栗色，下有黑带。腹部白色。雌鸟胸无黑带。雄鸟非繁殖羽脸及头皮黄色，胸带不明显。

| **分布与习性** | 栖息于河口、滩涂。沿海岸线、河道迁徙飞行。多在水边浅水处和沙滩来回奔跑和觅食，摄食甲壳类、昆虫等。

| **居留状况** | 旅鸟。

83 水雉

🌐 L 31~58 cm
LC Ⅱ

Hydrophasianus chirurgus Pheasant-tailed Jacana

| 识别特征 | 体型似秧鸡，但腿和趾更长。繁殖期成鸟上体深褐色，下体黑色，头、喉部白色，枕部黄色具黑缘，翅白色，尾羽极长（23~35 cm）。非繁殖羽下体白色，胸部有褐色颈环，翅褐色，头顶黑色具白眉，长尾消失。

| 分布与习性 | 常出现在生长有密集浮水植物的小型池塘和湖泊。在睡莲、荷花等植物的叶片上行走觅食。2014年6月30日在北大港独流减河记录到1只。

| 居留状况 | 旅鸟。

84 针尾沙锥

🌐 **L** 25~27 cm
LC 三

Gallinago stenura Pintail Snipe

鸻形目

| 识别特征 | 中型鹬类。喙长而直，尖端不弯曲。头顶黑褐色，中央冠纹棕黄色。背部有黑褐色斑点。面部乳黄色具黑色贯眼纹，贯眼纹下方有一条褐色横斑，眉纹在喙基部宽于贯眼纹。飞行时次级飞羽末端有不明显白色边缘，翼下皆为黑褐色斑点，脚露出尾羽。与大沙锥区别在于，大部分个体三级飞羽几乎完全盖住初级飞羽，而尾刚刚超过合拢的翼尖。

| 分布与习性 | 栖息于农田、河流、湖泊沿岸等。多在傍晚活动，白天常蹲伏在草丛中，遇到干扰时突然飞起。用嘴垂直插入土中探觅食物。2016年4月6日在北大港湿地保护区记录到10只个体。

| 居留状况 | 旅鸟。

85 大沙锥

L 27~29 cm
LC 三

Gallinago megala Swinhoe's Snipe

| 识别特征 | 与针尾沙锥极为相似，仅在尾羽数目和形状有区别。头顶中央冠纹较窄偏白，侧冠纹黑色，眉纹白色，眉纹在喙基部宽于贯眼纹。上体深褐色并带有棕黄纵纹和横斑，下体偏白色，背部有白色斑点。飞行时次级飞羽末端微白色，翼下皆为黑褐色斑点，脚不露出尾羽。尾羽20~22枚。站立翼合拢时，尾明显超过翼尖，初级飞羽明显超过三级飞羽。

| 分布与习性 | 栖息于山地和平原的各种水域环境。单独或小群活动，遇到干扰时先保持静止不动，被迫起飞时迅速且有力，直线飞行，很少拐弯。

| 居留状况 | 旅鸟。

鸻形目

86 扇尾沙锥

L 25~27 cm
LC 三

Gallinago gallinago Common Snipe

鸻形目

| **识别特征** | 中型鹬类。喙长而直，体色以棕黄色为主，头顶黑褐色，中央冠纹棕黄色，两侧冠纹黑色。背部黑褐色带褐色斑点。背、肩部乳黄色，肩羽皮黄色，羽缘粗而明显，面部乳黄色，有黑色贯眼纹，眉纹在喙基部窄于贯眼纹。颈、上胸黄褐色带深褐色纵纹，下胸至尾下覆羽白色，胁部有黑褐色横斑。飞行时次级飞羽可见明显白色边缘，翼下颜色较浅。站立翼合拢时，尾明显超过翼尖。

| **分布与习性** | 栖息于长有植被的水域环境。常单独或小群活动，傍晚活动，遇到干扰时，先静止不动，然后突然起飞并呈"S"形曲折飞行逃离。用嘴垂直插入土中探觅食物。

| **居留状况** | 旅鸟。

87 半蹼鹬

L 31~36 cm
NT　Ⅱ

Limnodromus semipalmatus　Asian Dowitcher

鸻形目

│识别特征│ 大型鹬类。喙粗长、笔直。繁殖羽头、颈、背至胸、胁部均为红褐色，头顶有黑色细纵斑，背部有黑色鳞片状具白色边缘的羽毛；胸、胁部有不明显的黑色横斑，腹部以下白色，有黑褐色及淡红褐色纵斑。非繁殖羽头部至颈后淡黄褐色，有黑褐色纵斑；背部黑褐色，羽缘淡黄褐色，有白色眉纹。飞行时腰至尾羽白色，带有黑褐色斑点，次级飞羽灰褐色。

│分布与习性│ 栖息于河口、湖泊、滨海、盐池等环境。生性机警。以昆虫、软体动物等为食。

│居留状况│ 旅鸟。

88 长嘴半蹼鹬

L 24~30 cm
LC 三

Limnodromus scolopaceus Long-billed Dowitcher

鸻形目

| **识别特征** | 喙黑色，长而直，基部淡黄绿色，浅色眉纹明显。繁殖羽棕褐色斑，下体锈红色；非繁殖羽浅灰色，腹白色。尾上黑色条带宽于白色。与半蹼鹬区别在于，喙基色浅，腿黄绿色。

| **分布与习性** | 栖息于沿海海岸及其附近水环境地带。以昆虫、昆虫幼虫、软体动物、甲壳类动物为食，有时也吃植物。

| **居留状况** | 旅鸟。

89 黑尾塍鹬

Limosa limosa Black-tailed Godwit

L 36~44 cm
NT 三

| **识别特征** | 大型鹬类。喙、颈、脚皆长。繁殖羽头、颈、上胸红褐色，头至颈后有黑褐色细纵斑，眉纹白色；背部灰褐色，有红褐色、白色及黑色斑纹；腹部以下白色，胸、胁部有黑色横斑。非繁殖羽头、颈部及胸部淡黄褐色，背部有黑褐色横斑。飞行时上翼可见白色翼带，尾上覆羽至尾羽白色，尾羽端部黑色。

| **分布与习性** | 常出现在河口、滨海滩涂等环境。迁徙季节常大群在潮间带觅食，边走边用喙插入泥中取食甲壳类和软体动物。具有长距离迁徙习性。

| **居留状况** | 旅鸟。

鸻形目

90 斑尾塍鹬

Limosa lapponica Bar-tailed Godwit

L 37~41 cm
NT 三

识别特征 | 大型鹬类。外形与黑尾塍鹬相似，喙长但略上翘。繁殖羽全身大致为红褐色，头顶至颈后有黑色细纵斑，背部黑色斑点有白色边缘，尾下覆羽白色。非繁殖羽背部颜色灰褐色，且有灰色斑点，白色眉纹，贯眼纹褐色，胸部淡灰褐色，腹部以下白色，胁部有褐色斑点。飞行时腰至尾羽白色，尾上覆羽有黑褐色斑点，尾羽有黑色横斑。

分布与习性 | 常活动在河口、滨海滩涂等环境。颈常呈"S"形缩起。边走边用喙插入泥中取食甲壳类和软体动物。且有长距离迁徙习性。

居留状况 | 旅鸟。

91 中杓鹬

Numenius phaeopus Whimbrel

L 40~46 cm
LC 三

|识别特征| 大型鹬类。喙长且下弯，黑色，下嘴基部肉色。头至颈部淡褐色，有黑褐色纵斑；头顶中央冠纹乳黄色，冠纹两侧有褐色侧纹。背部黑褐色，羽缘淡色。胸以下淡褐色，带黑色纵斑，胁有黑褐色横斑。飞行时腰、尾上覆羽白色，尾上覆羽有黑褐色横斑，尾羽淡褐色有黑褐色横斑。

|分布与习性| 出现在湖泊、水库、河流、滨海等湿地环境。常在土质水岸边觅食，边走边用喙啄食昆虫、甲壳类、软体动物等。

|居留状况| 旅鸟。

92 白腰杓鹬

Numenius arquata Eurasian Curlew

L 50~60 cm
NT　II

|识别特征| 大型鹬类。喙甚长，下弯，黑褐色，下嘴基部肉红色。背部淡褐色有黑色斑点，头至颈后有黑色纵斑，肩羽黑褐色具锯齿状斑纹。面部、颈前至胸淡褐色，有黑褐色细纵斑。腹部以下白色。飞行时腰至尾羽白色，尾羽有黑褐色横斑，翼下覆羽白色。

|分布与习性| 常出现在潮间带、河口等浅水环境。单独或小群活动。飞行有力，扇翅较慢。以甲壳类、昆虫、蠕虫等为食物。

|居留状况| 冬候鸟、旅鸟。

鸽形目

93 大杓鹬

L 53~66 cm
EN　Ⅱ

Numenius madagascariensis Eastern Curlew

鸻形目

|识别特征| 大型杓鹬类。喙甚长，下弯，黑褐色，下嘴基部肉红色。整体形态似白腰杓鹬，但羽色较暖褐色，尾下覆羽淡褐色；飞行时腰至尾羽与背部同色。翼下密布黑褐色斑点。

|分布与习性| 活动于潮间带、河口等浅水环境。单独或小群活动。常与白腰杓鹬混群，习性与其类似。以甲壳类、昆虫、蠕虫等为食物。在北大港主要分布在海滨浴场。属全球濒危物种。

|居留状况| 旅鸟。

94 鹤鹬

$L\ 29\sim32\ cm$

LC 三

Tringa erythropus Spotted Redshank

| 识别特征 | 中型鹬类。喙、脚甚长。繁殖羽喙黑色，下嘴基部暗红色；脚暗红色；通体基本黑色，有白色眼眶，背部、腹部以下羽缘白色。非繁殖羽下嘴基部、脚为红色；背部淡灰色，羽缘白色，头部有黑色纵斑、白色眉纹；腹部白色，胸侧、胁部有灰色横斑。飞行时下背、腰、翼下白色。亚成体羽色似成鸟非繁殖羽，但背部羽色较暗，有白色斑点；腹面白色，密布灰褐色斑纹。

| 分布与习性 | 多在河岸、河口、海滨和农田活动。以甲壳类、软体动物等为食。迁徙季集大群活动。

| 居留状况 | 旅鸟。

鸻形目

95 红脚鹬

Tringa totanus Common Redshank

L 27~29 cm
LC 三

| 识别特征 | 中型鹬类。喙粗壮，橙红色，嘴基红色，端部黑色；脚红色。繁殖羽背部茶褐色，有深褐色斑点；腹部白色，颊至胸有黑褐色纵斑，胁部有黑色横斑。非繁殖羽脚为橙红色；背部灰褐色有不明显斑点；腹部白色，斑纹不明显。飞行时腰、次级飞羽白色甚为醒目。亚成体羽色似成鸟非繁殖羽，但背部羽色淡绿色，呈斑点状。

| 分布与习性 | 偏好淡水/半咸水滩涂和草地生境。迁徙时出现在内陆和沿海的农田、鱼塘、河流沿线等区域。主要食物是软体动物、甲壳类和昆虫等。

| 居留状况 | 夏候鸟、旅鸟。

96 泽鹬

Tringa stagnatilis Marsh Sandpiper

L 22~26 cm
LC 三

| 识别特征 | 中型鹬类。喙细长，脚暗绿色（繁殖期绿色），甚长。繁殖羽头部至颈后灰色，有黑色细纵斑，背部灰褐色，有黑白斑点；腹部白色，胸侧有黑褐色纵斑。非繁殖羽背部浅灰色，羽缘淡色；腹部白色，颊、颈部、胸侧有不明显的灰褐色纵斑。飞行时腰至尾羽白色，尾羽有黑褐色横斑，无翼斑，翼下覆羽近白色。

| 分布与习性 | 栖息于河流、湖泊、水塘、岸边及周边环境。迁徙时集大群活动。

| 居留状况 | 旅鸟。

97 青脚鹬

Tringa nebularia Common Greenshank

L 30~35 cm
LC 三

鸽形目

| 识别特征 | 中型鹬类。喙端部略向上翘，腿蓝绿色，略长。繁殖羽头顶至颈后灰色，有灰褐色纵斑；背部灰褐色，有灰黑色斑点及白色羽缘；腹部白色，颊至胸、胁部有灰黑色纵斑。非繁殖羽背部颜色较浅，呈灰色；腹部白色，胸侧有黑褐色纵斑。飞行时腰、尾上覆羽白色。

| 分布与习性 | 常出现在河口、沿海滩涂。单独或小群在泥滩上边走边觅食，以虾、蟹、小鱼、螺以及其他水生昆虫为食。

| 居留状况 | 旅鸟。

98 白腰草鹬

L 21~24 cm

LC 三

Tringa ochropus Green Sandpiper

| **识别特征** | 小型鹬类。繁殖羽头顶至后颈灰褐色，有黑褐色纵斑；背部黑褐色，有白色细斑点；眉纹白色仅至眼先，与白眼圈相连，非常醒目。腹部白色，颊至胸部有黑褐色细纵斑。非繁殖羽背部暗褐色，白色斑点更为明显；颊至上胸、胁部淡褐色，有不明显的褐色斑，翼下黑褐色。

| **分布与习性** | 常出现在河口、溪流、湖泊等淡水环境，在滨海滩涂地区偶见。

| **居留状况** | 旅鸟。

鸻形目

99 林鹬

Tringa glareola Wood Sandpiper

L 19~23 cm
LC 三

|识别特征| 小型鹬类。喙黑色，脚黄绿色。繁殖羽头顶至颈后灰褐色，有黑色细纵斑；背部黑褐色，有白色斑点；眉纹、腹部白色，颊至上胸、胁部有黑褐色纵纹。非繁殖羽背部黑褐色，有白色斑点；颊至上胸、胁部淡褐色，有不明显的纵斑。飞行时背部、翼上覆羽密布白色斑点，尾上覆羽至尾羽白色，尾羽端部有黑褐色横斑，翼下大致为白色。

|分布与习性| 常小群出现在农田、河流、泥滩和滨海湿地。生性机警，见人即飞走。

|居留状况| 旅鸟。

100 翘嘴鹬

L 22~25 cm
LC 三

Xenus cinereus Terek Sandpiper

|识别特征| 小型鹬类。喙长而上翘，橙黄色，前端黑色；脚橙黄色。繁殖羽背部灰色，略带褐色；肩羽黑色呈斑状；眉纹、腹部白色，颈侧、胸侧有灰褐色斑纹。非繁殖羽背部浅灰色，眉纹、腹部白色，颊、颈侧、胸侧有不明显纵纹。飞行时次级飞羽末端白色。

|分布与习性| 出现在盐池、滨海滩涂等盐水湿地环境。经常紧挨水边觅食。

|居留状况| 旅鸟。

鸻形目

101 矶鹬

Actitis hypoleucos Common Sandpiper

L 19~21 cm
LC 三

识别特征 小型鹬类。喙暗褐色，脚黄褐色。背部灰褐色有黑色细纹。白色眉纹，贯眼纹深褐色。腹部白色，颊至上胸有黑褐色细纵斑。翼角上方凹处有明显白色。飞行时翼带白色。亚成体羽色似成鸟，背部有白色细丝羽。

分布与习性 通常单独出现在滨海、内陆河岸、溪流和池塘边。停栖时尾羽不停地上下摆动。

居留状况 旅鸟。

鸻形目

102 翻石鹬

L 21~26 cm
LC Ⅱ

Arenaria interpres Ruddy Turnstone

鸻形目

| 识别特征 | 小型鹬类。喙短略上翘，脚橙黄色。繁殖羽雄鸟头至颈部、腹部白色，头顶有黑色纵斑，面部、颈侧有黑色花斑；颈前、胸部黑色。背部橙红褐色，有黑白斑点。飞行时背部可见黑、白、红褐色斑块。雌鸟体色近似雄性，但头部为暗砖红色及黑褐色花斑；背部暗砖红色，有黑白斑纹。非繁殖羽大致似繁殖羽，但头至颈部、胸部黑色部分变浅呈深褐色，背部红褐色，边缘为暗褐色。

| 分布与习性 | 常小群出现在河口、滨海泥质岸边。以上嘴撬起石头觅食。

| 居留状况 | 旅鸟。

103 大滨鹬

L 26~28 cm

EN   II

Calidris tenuirostris Great Knot

| **识别特征** | 中型鹬类。喙黑色，脚暗绿色。繁殖羽头顶至颈后灰色，有黑色细纵斑。背部深褐色，羽缘灰褐色；肩羽红褐色带黑色斑点，边缘白色。腹部白色，颊至颈部有黑褐色细纵斑，胸部有密集的黑色鳞状斑点，胁部有黑褐色纵斑。非繁殖羽背部灰褐色，腹部白色，颊至胸、胁部有黑褐色细纵斑。飞行时腰、尾上覆羽、翼带白色，尾羽灰色。

| **分布与习性** | 迁徙时成群出现在河口、滨海等咸水湿地环境。在潮间带觅食，常将嘴插入泥中不停向前走动觅食。主要分布于北大港海滨浴场。数量较少，属于全球濒危物种。

| **居留状况** | 旅鸟。

104 红腹滨鹬

L 23~25 cm
NT 三

Calidris canutus Red Knot

识别特征 中型鹬类。喙黑色，脚黄绿色。繁殖羽背部、面至胸部以及胁部皆为砖红色，头顶至颈后有黑色纵斑，背部有黑色及白色斑点。腹部以下白色，胁、尾下覆羽有黑褐色斑点。非繁殖羽头顶灰黑色，背部灰褐色有白色羽缘。眉纹白色，腹部白色。飞行时翼带白色，尾上覆羽白色有淡色横斑。

分布与习性 常成群出现在河口、滨海等咸水湿地环境。有时会与大滨鹬混群，觅食方式与大滨鹬类似，主要以底栖动物为食。

居留状况 旅鸟。

鸽形目

105 三趾滨鹬

Calidris alba Sanderling

L 20~21 cm
LC 三

|识别特征| 小型鹬类。繁殖羽背部、颊、颈、上胸红褐色，有黑色纵斑；肩羽有黑斑，羽缘白色。额、喉、下胸白色。非繁殖羽背部灰色，羽缘白色，翼角黑褐色，额、腹部白色。飞行时翼带明显。

|分布与习性| 常成群出现在河口、滨海的砂质泥滩上。偶然会与其他鸻鹬类混群，喜欢在潮水边缘觅食。

|居留状况| 旅鸟。

106 红颈滨鹬

L 13~16 cm
NT 三

Calidris ruficollis Red-necked Stint

|识别特征| 小型鹬类。喙短，繁殖羽背部红褐色，头顶至颈后有黑褐色纵斑，背部有黑褐色斑点及白色羽缘。颊至上胸红褐色，颈侧有黑褐色纵斑。腹部至尾下覆羽白色，胸侧、下胸有黑褐色细斑点。非繁殖羽背部灰褐色，有黑色斑点。腹部白色，颈侧、胸侧有不明显的褐色纵斑。飞行时有白色翼带。

|分布与习性| 迁徙时出现在河口、滨海等地区。集群在潮间带觅食，行动迅速，常不停啄食。

|居留状况| 旅鸟。

鸻形目

107 小滨鹬

Calidris minuta Little Stint

L 12~14 cm
LC 三

| 识别特征 | 小型鹬类，略小于红颈滨鹬。繁殖羽头顶淡栗色，有黑褐色纵纹，眼先暗色，颊、胸部暗红色，胸部有深褐色斑点，颏、喉部白色。上体较红颈滨鹬更显橙色，背部、上翼、尾部羽毛边缘均为橙色。胫部比红颈滨鹬长。非繁殖羽与红颈滨鹬相似，背部浅灰色，胸、腹部白色。

| 分布与习性 | 栖息于农田、滨海、鱼塘等地区。成群活动，迁徙时大群出现在潮间带，常涉水觅食。

| 居留状况 | 旅鸟。

108 青脚滨鹬

L 13~15 cm
LC 三

Calidris temminckii Temminck's Stint

| 识别特征 | 小型鹬类。繁殖羽背部黄褐色，头顶至颈后有黑色纵斑，背部有黑褐色斑点及红褐色羽缘。颊至上胸黄褐色，有黑褐色纵斑，胸以下白色。非繁殖羽背后、颊至上胸皆为暗灰色，背部有淡色羽缘。腹部以下白色。飞行时翼带白色。

| 分布与习性 | 偏爱淡水湿地环境，如河流、湖泊、水塘沿岸等。迁徙时偶尔单独或小群出现在沿海地区。

| 居留状况 | 旅鸟。

鸻形目

109 长趾滨鹬

Calidris subminuta Long-toed Stint

L 13~16 cm
LC 三

| 识别特征 | 小型鹬类。繁殖羽背部茶褐色，头顶有细纵纹，背部黑色斑点具白色羽缘。眉纹、腹部白色，颈侧、胸侧茶褐色，有黑色纵斑。飞行时背部白色羽缘呈"V"字形，翼带白色。

| 分布与习性 | 迁徙时常集小群与其他鸻鹬混群活动在植被较好的池塘、河流、农田等淡水湿地环境，偶尔在滨海滩涂可见。

| 居留状况 | 旅鸟。

鸻形目

110 尖尾滨鹬

L 17~22 cm
LC 三

Calidris acuminata Sharp-tailed Sandpiper

| 识别特征 | 小型鹬类。繁殖羽喙黑色，嘴基略带黄褐色，头上红褐色有黑色细纵斑。背部黑色，有红褐色及白色羽缘。眉纹白色，颊至胸淡红褐色，有褐色圆形斑点，腹以下白色。非繁殖羽大致似繁殖羽，但全身羽色较淡，颊至胸黄褐色，有不明显的纵斑。

| 分布与习性 | 迁徙时常集群出现在河口、滨海、盐池等半咸水、咸水环境。

| 居留状况 | 旅鸟。

鸻形目

111 阔嘴鹬

L 16~18 cm
LC Ⅱ

Calidris falcinellus Broad-billed Sandpiper

| 识别特征 | 小型鹬类。喙宽长，端部下弯。繁殖羽头顶暗褐色，有两条白色侧冠纹，背部红褐色，有黑褐色斑点和白色羽缘。眉纹白色，贯眼纹黑褐色。颊至上胸淡红褐色，有褐色纵斑。腹以下白色，胁部有不明显的褐色斑纹。非繁殖羽背部灰褐色，羽缘白色，侧冠纹、眉纹不明显，腹部白色，颊至上胸有褐色纵斑。飞行时背部白色羽缘呈"V"字形。

| 分布与习性 | 出现在农田、河口、滨海滩涂等地区。迁徙时常与红颈滨鹬、黑腹滨鹬混群觅食，觅食动作较其他滨鹬慢。

| 居留状况 | 旅鸟。

112 流苏鹬

Calidris pugnax Ruff

L 26~32 cm

LC 三

|识别特征| 中型鹬类。繁殖羽雄性头后至耳羽后方有耳状饰羽，颈部有流苏状饰羽，呈白色、红褐色、乳黄色及暗褐色等，且具有不同斑纹，背部亦有不同颜色斑点。喙、脚颜色黑褐色、红色、橙黄色不等。雌性体型略小，头颈部无饰羽，头至颈后淡褐色，有黑色细纵纹。背部黑色，有明显的黄褐色及白色羽缘。颊至胸、胁部淡褐色，有黑色横斑，腹部以下白色。非繁殖羽雌雄基本同色，上体灰褐色，头顶至颈后有黑色纵纹，背部有明显的黑色斑点和灰色羽缘。飞行时可见白色翼带，尾羽基部外侧白色。

|分布与习性| 迁徙时常出现在河口、滨海滩涂、农田等地。常在浅水中觅食，偶尔也会在深水中活动。

|居留状况| 旅鸟。

鸻形目

113 弯嘴滨鹬

L 18~23 cm
NT 三

Calidris ferruginea Curlew Sandpiper

|识别特征| 小型鹬类。喙细长下弯，繁殖羽全身大致为铁锈红色，头顶至颈后有黑色细纵斑。背部有黑白斑点，喉至上腹有白色羽缘。下腹至尾下覆羽白色。非繁殖羽背部暗褐色，羽缘白色，颊至腹淡黄褐色，有不明显的纵斑。下腹以下白色。飞行时腰白色。

|分布与习性| 常与其他鸻鹬混群出现在河口、滨海滩涂、盐池等地区。

|居留状况| 旅鸟。

114 黑腹滨鹬

Calidris alpina Dunlin

L 16~22 cm
LC 三

鸻形目

识别特征 | 小型鹬类。喙长下弯。繁殖羽头顶棕色具黑褐色纵纹，眉纹白色，背部红褐色，有黑色斑点和白色羽缘，胸、腹部白色，腹中央有一大块黑色斑。非繁殖羽眉纹白色，背部灰褐色，腹部白色，胸侧灰褐色。飞行时可见白色翼带。

分布与习性 | 迁徙时大群出现在河口、滨海滩涂、盐池等咸水湿地环境。行动快速，以喙在泥中探寻觅食。

居留状况 | 旅鸟、冬候鸟。

115 红颈瓣蹼鹬

L 16~20 cm
LC 三

Phalaropus lobatus Red-necked Phalarope

识别特征 小型鹬类。喙尖细，脚黑色。繁殖羽雌鸟上体青黑色，背部有橙黄色纵纹。眼上方有一白斑，颊部青黑色，眼后、颈部红褐色，额、喉部白色，胸以下白色，胸侧、胁部青灰色。雄鸟似雌鸟，体型略小，全身羽色淡。非繁殖羽上体灰黑色，羽缘白色。下体白色。眼部及后方有一带状黑斑甚为醒目。飞行时可见白色翼带。

分布与习性 出现在近海的浅水环境，也出现在大型湖泊、水库、池塘及河口地带，善游泳。

居留状况 旅鸟。

116 黄脚三趾鹑

🌏 L 12~18 cm
LC

Turnix tanki Yellow-legged Buttonquail

| **识别特征** | 喙黄色，端黑色。背、肩、腰和尾上覆羽灰褐色，具黑色和棕色细小斑纹；胸、胁具圆黑斑。尾灰褐色、短小。

| **分布与习性** | 栖息于灌丛、草地、疏林、荒地和农田地带。常单独或成对活动。以植物嫩芽、浆果、草籽、谷粒、昆虫和其他小型无脊椎动物为食。

| **居留状况** | 夏候鸟。

鸽形目

117 普通燕鸻

🌐 L 23~24 cm
LC 三

Glareola maldivarum Oriental Pratincole

| 识别特征 | 小型鸻鹬类。体型、飞行姿态近似燕鸥。喙短、尖且下弯，翅尖长，白色腰，黑色叉尾。上体深褐色，下体褐色较浅，腹白色，喉乳黄色具黑色外缘，翼下栗色。亚成体颜色更深。站立时可见长腿。

| 分布与习性 | 栖息于湿地、草地。繁殖期集群繁殖于砂质土地，在沙滩、砾石地上行走觅食，主要食物为昆虫、甲壳类。

| 居留状况 | 夏候鸟、旅鸟。

118 棕头鸥

L 41~46 cm
LC 三

Chroicocephalus brunnicephalus Brown-headed Gull

|识别特征| 中型鸥类。虹膜为褐色或黄褐色，嘴、脚均为深红色。夏羽头为淡褐色，靠颈部羽缘黑色形成黑色环。肩、背为淡灰色，腰、尾和下体均为白色。两枚外侧初级飞羽黑色，末端有白色斑，其余初级飞羽基部白色具黑色端斑。冬羽头、颈均为白色，眼后有一暗色斑。与其相似的红嘴鸥体型较小，头颜色较淡。

|分布与习性| 主要栖息于河流、湖泊、沼泽以及海岸滩涂等地方，常成对或成小群活动在水面上，或在水面上空飞翔。2000年在北大港湿地保护区曾有一次记录。

|居留状况| 偶见旅鸟。

鸻形目

119 红嘴鸥

Chroicocephalus ridibundus Black-headed Gull

鸻形目

| **识别特征** | 中型鸥类。嘴细长，暗红色。夏羽头和颈上部褐色，背、肩为灰色，外侧初级飞羽上面白色，下面黑色，尖端黑色，其余体羽白色。眼周白色，飞翔时翼外缘露出白色。冬羽头变为白色，眼后有一褐色斑；嘴鲜红色，先端略带黑色。

| **分布与习性** | 栖息于湖泊、河流、水库、鱼塘、海滨和沿海沼泽地带。常集小群活动，越冬时常集大群，休息时多站在水边岩石、滩涂上或漂浮于水面。

| **居留状况** | 冬候鸟、旅鸟。

120 黑嘴鸥

L 31~39 cm
VU I

Saundersilarus saundersi Saunders's Gull

| 识别特征 | 小型鸥类。虹膜及嘴黑色，脚红色。夏羽头为黑色，眼上和眼下有白色新月形斑。初级飞羽末端具黑色斑点。翼下部分初级飞羽黑色，其他部分大都白色。冬羽和夏羽相似，但头白色，头顶具淡褐色斑，耳区有黑斑点。

| 分布与习性 | 主要栖息于沿海滩涂、沼泽及湖泊等湿地。常集小群活动，多出入于开阔的海边盐碱地和沼泽地，特别是生长有矮小盐碱植物的泥质滩涂。

| 居留状况 | 旅鸟、冬候鸟。

鸻形目

121 小鸥

Hydrocoloeus minutus Little Gull

L 28~31 cm

LC Ⅱ

|识别特征| 小型鸥类。喙细窄，暗红黑色。夏羽头黑色；下颈、腰、腹部、尾白色；肩、背和翅上覆羽及飞羽淡灰色，翅下暗灰黑色，飞羽末端白色。冬羽头白色，头顶至后枕暗色，眼后具一暗色斑。脚红色。

|分布与习性| 栖息于湖泊、河流、水塘和附近有水生植物的水域。主要以昆虫、昆虫幼虫、甲壳类和软体动物等无脊椎动物为食。2004年9月18日在北大港海滨浴场曾有1次记录。

|居留状况| 旅鸟。

122 遗鸥

L 39~46 cm
VU　I

Ichthyaetus relictus Relict Gull

鸻形目

|识别特征| 中型鸥类。夏羽头黑色，前额扁平，虹膜褐色，嘴暗红色，眼后缘上下各具一新月形白斑。背、肩多淡灰色，腰、尾和下体白色。胫下部被羽，脚暗红色。冬羽头白色，耳旁有一暗色斑，头顶至后颈色暗。飞翔时初级飞羽尖端黑色，具白斑。

|分布与习性| 栖息于开阔水域及滩涂等湿地。常集群活动。主要分布于天津海滨滩涂，在北大港海滨浴场曾记录过万余只的大群。

|居留状况| 冬候鸟、旅鸟。

123 渔鸥

Ichthyaetus ichthyaetus Pallas's Gull

L 63~70 cm
LC 三

| 识别特征 | 大型鸥类。虹膜为褐色；嘴粗厚且黄色，尖端红色。夏羽头黑色，眼上和眼下有白色新月形斑。初级飞羽端部有白斑。背、肩为灰色，其余部分上下体羽为白色。翅窄而尖长，站立时翅尖超过尾尖。冬羽头白色，头至后颈具暗色纵纹，但眼周还保留有黑色，嘴尖仅具黑斑而无红斑。脚黄绿色。

| 分布与习性 | 主要栖息于河流、湖泊、沼泽以及海岸滩涂等地方。常成对或成小群活动在水面上，或在水面上空飞翔。

| 居留状况 | 旅鸟、冬候鸟。

鸽形目

124 黑尾鸥

Larus crassirostris Black-tailed Gull

L 43~51 cm

LC 三

鸻形目

| **识别特征** | 中大型鸥类。虹膜淡黄色，眼睑朱红色；嘴黄色，先端红色，次端斑黑色。夏羽头、颈及下体均白色，背部深灰色。尾上覆羽和尾为白色，次端斑宽阔且黑色。冬羽枕和后颈略沾灰褐色，飞翔时翅前后缘露出白色。脚绿黄色，爪黑色。与其相似的灰背鸥体型较大，脚为粉红色，嘴端无黑斑，尾上无黑色横带；海鸥体型略小，尾上无黑色带，繁殖期嘴上无红斑，也无黑斑。幼鸟上体带褐色或灰色。

| **分布与习性** | 主要栖息于沿海沙滩、沼泽等地。常集群活动，多在空中飞翔。

| **居留状况** | 冬候鸟、旅鸟。

125 普通海鸥

Larus canus Mew Gull

L 45~51 cm
LC 三

| 识别特征 | 中型鸥类。虹膜黄色，嘴和脚黄色，头、颈和下体白色，背、肩和翅灰色。冬羽头至后颈有淡褐色斑点。飞翔时翼前后缘白色。初级飞羽末端黑色具白色端斑。腰、尾上覆羽和尾羽白色。幼鸟上体白色带灰褐色斑点，尾羽灰褐色，基部有白色斑点。

| 分布与习性 | 主要栖息于开阔地带的河流、湖泊、水塘和沼泽中。常成对或成小群活动，喜欢在空中飞翔，在水面上游荡觅食。

| 居留状况 | 冬候鸟、旅鸟。

鸻形目

126 小黑背银鸥

L 51~68 cm
LC

Larus fuscus Lesser Black-backed Gull

鸽形目

| **识别特征** | 大型灰色鸥。头偏圆，外观看起来温和。夏季繁殖羽背部深色，腿黄色，嘴黄色并具红斑。虹膜黄色，眼圈红色。非繁殖羽头和颈有纵纹。

| **分布与习性** | 栖息于类型多样的海岸和内陆水域。常停歇或取食于河口、港口、湖泊、水库等。

| **居留状况** | 旅鸟、冬候鸟。

127 西伯利亚银鸥

L 55~68 cm
LC

Larus smithsonianus Siberian Gull

鸻形目

|识别特征| 大型灰色鸥。虹膜为浅黄褐色；嘴为黄色，上具红斑；头、颈、背至胸部具深色纵纹；上体体羽灰色略带蓝色，比小黑背银鸥浅。通常三级飞羽和肩部具白色的宽月牙形斑。腿粉红色。

|分布与习性| 主要栖息于河流、湖泊、沼泽以及海岸滩涂等地。常成对或成小群活动在水面上，或在水面上空飞翔，轻快敏捷，休息时多栖于岩石或滩涂上。

|居留状况| 旅鸟、冬候鸟。

128 鸥嘴噪鸥

Gelochelidon nilotica Gull-billed Tern

L 31~39 cm
LC 三

鸽形目

|识别特征| 夏季繁殖羽头顶全黑色，黑色块斑过眼，眼褐色；背部、腰部及覆羽灰色；后颈、尾上覆羽及尾白色；尾叉不深；嘴黑色。成鸟非繁殖羽下体白色，上体灰色，头白色，颈、背具灰色杂斑。脚黑色。

|分布与习性| 常见于海滨、河口、湖边沙滩和泥地。喜欢植物稀疏的水体。营巢于大的湖泊与河流岸边沙地或泥地。

|居留状况| 夏候鸟、旅鸟。

129 红嘴巨燕鸥

L 47~55 cm
LC 三

Hydroprogne caspia Caspian Tern

| **识别特征** | 夏季繁殖羽前额、头顶及冠羽黑色。虹膜褐色，嘴红色，嘴尖偏黑色；后颈、胸腹部及尾上覆羽白色；背部及翅上覆羽银灰色；尾白色，呈叉状；脚黑色。非繁殖羽和繁殖羽大致相似，但额和头顶白色，具黑色纵纹。

| **分布与习性** | 主要栖息于海岸沙滩、平坦泥地和沿海沼泽地带。常集小群在一起营巢。

| **居留状况** | 旅鸟、冬候鸟。

鸻形目

130 白额燕鸥

Sternula albifrons Little Tern

L 22~27 cm
LC 三

| 识别特征 | 夏季繁殖羽头顶、颈背及过眼纹黑色，前额白色；虹膜褐色，嘴黄色，尖端黑色；背部、翼上覆羽及腰淡灰色，下体及尾上覆羽白色；尾羽白色；脚黄色。非繁殖羽头顶及颈背黑色减小至月牙形，翼前缘黑色，后缘白色；嘴黑色。

| 分布与习性 | 栖息于海边沙滩、湖泊、河流、水库、水塘、沼泽等内陆水域。常成群活动，与其他燕鸥混群。发现猎物时，常悬停在空中，待找准机会后，垂直下降到水面捕捉。

| 居留状况 | 夏候鸟、旅鸟。

鸻形目

131 普通燕鸥

Sterna hirundo Common Tern

L 31~38 cm

LC 三

| 识别特征 | 夏季繁殖羽头顶黑色；虹膜褐色，嘴黑色或红色，嘴基红色；背、胸及翅上覆羽灰色或蓝灰色。腰及尾上覆羽白色；尾白色，呈深叉状；脚偏红色。飞行时初级飞羽外侧黑色，次级飞羽灰色。非繁殖羽和繁殖羽相似，但前额白色，嘴黑色。

| 分布与习性 | 主要栖息于海岸沙滩、平坦泥地和沿海沼泽地带。常集小群在水面上空飞行，发现食物后急速扎入水中捕食，也常在水面或飞行中捕食昆虫。

| 居留状况 | 夏候鸟、旅鸟。

132 灰翅浮鸥

L 21~28 cm
LC 三

Chlidonias hybrida Whiskered Tern

| 识别特征 | 夏季繁殖羽前额及头顶部黑色；虹膜深褐色，嘴红色，颊部白色；背部、腰、尾上覆羽灰色；下胸、腹和两胁灰黑色，尾下覆羽白色；尾灰色，呈叉状；脚红色。非繁殖羽前额白色，头顶具细纹，顶后及颈背黑色，其余上体灰色，下体白色；嘴黑色。

| 分布与习性 | 栖息于开阔平原湖泊、水库、河口、海岸和附近沼泽地带。常成群在漫水地和农田上空觅食，取食时扎入浅水或掠过水面。

| 居留状况 | 夏候鸟、旅鸟。

鸻形目

133 白翅浮鸥

🌐 L 20~27 cm
LC 三

Chlidonias leucopterus White-winged Tern

| 识别特征 | 夏季繁殖羽头、背和下体黑色，与白色尾及浅灰色翼成明显反差；翼上近白色，翼下覆羽明显黑色；尾上和尾下覆羽白色。虹膜深褐色，嘴黑红色。非繁殖羽额、前头和颈侧白色，头顶黑色而杂有白点，上体浅灰色，头后具灰褐色杂斑，下体白色；嘴黑色。

| 分布与习性 | 主要栖息于内陆河流、湖泊、沼泽、河口及水塘中。常成群活动，多在水面低空飞行，觅食时往往悬停在空中，发现食物后立刻冲下捕食。有时也在地上捕食蝗虫和其他昆虫。

| 居留状况 | 夏候鸟、旅鸟。

鹱形目 / PROCELLARIIFORMES

134 白额鹱

L 47~52 cm
NT 三

Calonectris leucomelas Streaked Shearwater

|识别特征| 嘴较细长，鼻管较短。上体深褐色，脸及下体白色。尾呈楔形。跗跖和脚趾皮黄色。

|分布与习性| 常长时间在海面上空低飞。捕食浅层鱼类和海洋无脊椎动物。2018年11月4日在北大港万亩鱼塘记录到1只个体。

|居留状况| 迷鸟。

鹱形目

鹳形目 / CICONIIFORMES

鹳科 Ciconiidae

135 黑鹳

Ciconia nigra Black Stork

L 90~105 cm
LC　I

|识别特征| 体型高大，介于东方白鹳和苍鹭之间。成鸟的黑色体羽具有绿色和紫色的金属光泽，腹部、胫上部、肛部和腋下为白色，飞行时很明显。成鸟的黑色部位在幼时为深褐色。成鸟嘴、眼先和眼周为深红色，幼鸟为灰绿色，眼黑色。成鸟跗跖暗红色，幼鸟跗跖灰绿色。

|分布与习性| 繁殖于山地森林内的沼泽湿地，营巢于悬崖洞穴。迁徙时偶见小群。飞行有力，振翅缓慢，常高飞。

|居留状况| 冬候鸟、旅鸟。

136 东方白鹳

Ciconia boyciana Oriental Stork

L 110~115 cm
EN I

鹳形目

识别特征 大型鹳类，体型介于白枕鹤和白头鹤之间。除飞羽和初级覆羽为黑色，其余皆为白色。站姿挺拔。下颈和胸部羽毛延长而蓬松。嘴黑色，长而强壮，嘴裂较深，尖端锋利，下嘴尖端上弯。下嘴基和喉部皮肤为红色。眼圈狭窄，眼先较小。眼黄白色。跗跖红色。

分布与习性 觅食于浅水湿地，如苇塘、鱼塘、河滩和农田。多集群迁徙。不会鸣叫，通过嘴部叩击发声。在北大港湿地保护区各区域均有分布，迁徙季形成较大规模的中停种群，近年来在北大港湿地保护区具有稳定的繁殖记录。属于全球濒危物种。

居留状况 旅鸟、夏候鸟、冬候鸟。

鲣鸟目 / SULIFORMES

鸬鹚科 Phalacrocoracidae

137 普通鸬鹚

L 77~94 cm
LC 三

Phalacrocorax carbo Great Cormorant

| 识别特征 | 我国体型最大的鸬鹚。成鸟具细长的黑色颈部，脸部白斑延伸至喉部，头顶、枕部和头侧具狭窄的白色羽毛。冬季和早春，两胁具较大的白色斑块。翅上覆羽和背部具青铜色金属光泽，羽缘黑色有别于暗绿背鸬鹚的绿色。幼鸟羽色黯淡，通常下体多白色或棕色杂斑。嘴长而细，浅灰色具深色尖端，嘴基与嘴裂黄色，上嘴深灰色，下嘴偏白色。眼暗绿色，跗跖灰黑色。

| 分布与习性 | 主要活动于内陆湖泊或河流，善潜水捕鱼，常集群活动，游泳时头微向上倾斜，常立于树梢或堤岸晾翅。

| 居留状况 | 旅鸟。

鹈形目 / PELECANIFORMES

鹮科 Threskiornithidae

138 彩鹮

L 55~65 cm
LC　I

Plegadis falcinellus　Glossy Ibis

|识别特征| 嘴近黑色，细长下弯。脸部裸露，裸皮及眼圈铅色；体具绿色及紫色光泽。脚绿褐色。

|分布与习性| 栖息于河湖、沼泽附近、农田地带。群居，以水生昆虫、昆虫幼虫、甲壳类、软体动物等小型无脊椎动物为食。2014年10月在北大港湿地保护区曾有过1次记录。

|居留状况| 迷鸟。

鹈形目

139 白琵鹭

Platalea leucorodia Eurasian Spoonbill

L 80~93 cm
LC　II

| **识别特征** | 体型较大。成鸟繁殖期喉部发黄，下颈或上胸部具黄色条带，枕部饰羽延长。非繁殖期无羽冠和黄色。与黑脸琵鹭区别在于脸部无黑色面罩。嘴很长，具横脊，前端扁平膨大似勺状，为深灰色至黑色，繁殖期前端为黄色，幼鸟为粉色。面部羽毛扩自眼前延伸至嘴基，咽部皮肤为粉红色。深红色虹膜有别于鹭类。腿为深灰色至黑色，幼鸟为粉褐色。

| **分布与习性** | 栖息于各类沼泽湿地。迁徙期和越冬期间常集小群活动于池塘、湖泊、河流或泥沼。休息时常将嘴藏于翅下。在北大港主要分布于万亩鱼塘、南部水循环区域。

| **居留状况** | 旅鸟、冬候鸟。

鹈形目

140 黑脸琵鹭

L 60~78.5 cm
EN Ⅰ

Platalea minor Black-faced Spoonbill

前方个体为黑脸琵鹭

│识别特征│ 似白琵鹭，但体型略小。成鸟面部裸露为黑色，繁殖期下颈和上胸染黄色或锈色，枕部羽毛延长染黄色。幼鸟初级飞羽的羽轴和最外侧初级飞羽尖端为黑色。嘴很长，具横脊，前端扁平膨大似勺状，成鸟为黑色，幼鸟为粉色。黑色的面部皮肤经前额环绕嘴基向后延伸至眼后，眼前具黄斑，咽、颏部羽毛白色。眼深红色，腿深灰色至黑色。

│分布与习性│ 单独或集小群觅食于滨海滩涂、湖泊或泥沼湿地。觅食时缓慢涉水，左右摇摆头部滤食，也追逐捕食，部分夜行性，白天常见其站立休息。有时与白琵鹭混群。飞行时振翅较快，滑翔的行为有别于鹭类。在北大港湿地保护区偶见，分布于万亩鱼塘区域。属全球濒危物种。

│居留状况│ 旅鸟。

鹈形目

141 大麻鳽

🌐 L 69~81 cm

LC 三

Botaurus stellaris Eurasian Bittern

鹈形目

| **识别特征** | 体型较大。黄褐色，具浓密的纵纹，颈部较苍鹭粗短。顶冠、枕部和髭纹为黑褐色，喉和颈部具深褐色纵纹，飞羽和初级覆羽具黑色和深黄色狭窄的带状条纹。嘴长而强壮、尖利，嘴基和眼先为黄色或绿色。眼红褐色，腿相对较短，为黄绿色。趾很大，也为黄绿色。

| **分布与习性** | 通常在苇塘活动，偶见于芦苇边缘或农田内。性隐匿，很少飞行，受到惊扰时常静立于芦苇之中，嘴向上竖起。

| **居留状况** | 夏候鸟、旅鸟、冬候鸟。

142 黄斑苇鳽

L 30~40 cm
LC 三

Ixobrychus sinensis Yellow Bittern

|识别特征| 体型较小的棕黄色鳽类。雄鸟头顶为黑色，后颈和背部为淡黄褐色，前颈较后颈羽色更浅，腹部为浅黄色。雌鸟羽色较雄鸟略暗，头顶为深灰色具纵纹，背部具浅色纵纹，前颈纵纹较雄鸟清晰。幼鸟似缩小版的大麻鳽。嘴橙黄色，嘴峰和嘴尖色深。眼先黄色，眼黄色具黄色眼圈。跗跖亦黄色。

|分布与习性| 见于内陆湿地、苇塘、荷塘、农田及湖泊边缘。

|居留状况| 夏候鸟、旅鸟。

鹈形目

143 紫背苇鳽

L 33~39 cm
LC 三

Ixobrychus eurhythmus Von Schrenck's Bittern

| 识别特征 | 体型较黄斑苇鳽略大，整体呈两种色调。雄鸟面部、后颈、背部、腰部和内侧的翅上覆羽为深栗色，顶冠、尾部和飞羽发黑，翅上大覆羽具显著的浅黄色斑。下体为黄白色，喉部的深色纵纹延伸至胸部。雌鸟及幼鸟顶冠为深灰色，颈部、背部、翅上及尾部为褐色具白色点斑，颈部、胸部和胁部为淡黄色具褐色纵纹。雄鸟嘴为深色，面部皮肤为粉色；雌鸟及幼鸟嘴峰黑色，上嘴基黄色，下嘴全黄色。眼先黄色，眼为黄色，眼后部为黑色，形成清晰的"C"形。跗跖暗黄色。

| 分布与习性 | 多见于苇塘和沼泽，偶见于农田。性孤僻隐匿，常于晨昏活动。

| 居留状况 | 夏候鸟、旅鸟。

鹈形目

144 栗苇鳽

L 40~41 cm
LC 三

Ixobrychus cinnamomeus Cinnamon Bittern

|**识别特征**| 体型矮小粗壮。羽色较素但多黄褐色。雄鸟整体多黄褐色，下体略浅；雌鸟和幼鸟似雌性紫背苇鳽，顶冠、后颈、背部为深褐色，前颈和胸部具浓重的深褐色纵纹，上体为浅褐色，具点斑，飞羽黄褐色。嘴黄色具深色嘴峰。眼先黄色，眼圈和眼亦黄色，眼后部为黑色，形成清晰的"C"形。跗跖黄色。
|**分布与习性**| 多见于沼泽、苇塘、农田、湿润的草地等湿地。性孤僻。
|**居留状况**| 夏候鸟、旅鸟。

鹈形目

145 夜鹭

L 58~65 cm
LC 三

Nycticorax nycticorax Black-crowned Night Heron

鹈形目

| **识别特征** | 体型中等。头部较大，颈部和腿部较短，嘴相对粗短。成鸟的顶冠、眼先、枕部和背部均为蓝黑色，后颈具白色的延长饰羽。前额、眼先上纹及下体的颏部至肛部均为白色或灰白色。翅和尾部羽毛为浅灰色至灰色。幼鸟为暗褐色，背部及上体具清晰、宽阔的浅色纵纹。翅上覆羽具显著的白色点斑，顶冠具白色细纹。成鸟嘴为黑色，幼鸟嘴为黄绿色嘴基具黑色先端和灰色嘴峰。眼先为绿色，眼为暗红色。跗跖为淡黄色至橙红色。

| **分布与习性** | 集群营巢于湿地附近的树上。多为夜行性，常于黄昏时离开栖树至湿地觅食，日间亦会出现。

| **居留状况** | 夏候鸟、旅鸟。

146 池鹭

Ardeola bacchus Chinese Pond Heron

L 42~52 cm
LC 三

｜识别特征｜ 小型鹭类。羽色较深似鸦，飞行时可见深色背部。成鸟
繁殖期头部、胸部和凸出的枕部羽毛为栗色，背部为炭灰色具延长
的疏松羽毛，站立时可盖住翅膀。翅、腰和尾部为白色。非繁殖期
背部为灰褐色，头、颈和胸部沾白色，具浓重的灰褐色纵纹。嘴相
对长而直，繁殖期为黄色具黑色尖端，非繁殖期为暗黄色，上嘴颜
色较深。眼黄色，有不明显的浅黄色眼圈。跗跖较短为黄色。

｜分布与习性｜ 通常单独或以松散的小群在湿地觅食。营巢于其他鹭
类的巢址之间。迁徙时也见于溪流、沟谷、潮湿的草地或林缘。

｜居留状况｜ 夏候鸟、旅鸟。

147 牛背鹭

Bubulcus ibis Cattle Egret

L 46~56 cm

LC 三

| 识别特征 | 非繁殖期全白色的鹭。
繁殖期头颈、上胸和背部羽毛为蓬松
的亮橙色。繁殖期嘴为黄色具深粉红
色嘴基；非繁殖期为淡黄色，嘴型较
其他白色鹭类短钝，眼先黄色。腿较
其他白色鹭类粗短，繁殖期为橙红
色，非繁殖期为黑色或灰绿色。

| 分布与习性 | 集群营巢，常在家畜
周围活动，多见于草地或湿地、农田
或农耕地附近较为干燥处。行走时姿
态似鸽子作点头状。

| 居留状况 | 夏候鸟、旅鸟。

非繁殖羽

繁殖羽

鹳形目

148 苍鹭

Ardea cinerea Grey Heron

L 84~102 cm
LC 三

鹈形目

| 识别特征 | 成鸟主要为浅灰色至灰色，顶冠、面部、前颈和下体为白色，颈侧和胸侧为灰色染浅黄色；头侧黑色羽毛延长为羽冠；颈部和胸部具黑色纵纹。背部和尾部灰色，大腿内侧黑色。幼鸟较成鸟颈部更灰，头部更黑。嘴长而结实，匕首状，繁殖期为橙红色，非繁殖期为黄色。眼为浅黄色至深黄色。繁殖期腿为橙红色，非繁殖期为黄绿色。

| 分布与习性 | 集群营巢于靠近湖边的高树之上，也停栖于树上。觅食于湖泊、河流、潮间带等地。飞行时振翅缓慢，头颈收缩。

| 居留状况 | 夏候鸟、旅鸟、冬候鸟。

149 草鹭

Ardea purpurea Purple Heron

L 70~90 cm
LC 三

|识别特征| 嘴和颈部细长的高挑鹭类。成鸟整体为栗黄色调。突出的黑色和栗色纵纹自面部延伸至胸部。顶冠和后枕发黑，背部和尾部为深灰色，大腿及下背为栗色。幼鸟整体偏棕色。刺刀状嘴细长而狭窄，嘴峰为深色，嘴侧黄色。眼黄色。跗跖黄棕色，繁殖期为粉棕色。

|分布与习性| 较苍鹭少见。多营巢于芦苇中。性隐匿，多单独活动，晨昏觅食于植物丰富的沼泽、苇塘和湖边。飞行时较苍鹭轻快。

|居留状况| 夏候鸟、旅鸟。

150 大白鹭

Ardea alba Great Egret

L 80~104 cm
LC 三

|识别特征| 最大的白色鹭类。颈部细长，独有的蜷缩姿态区别于其他白鹭，嘴大而结实，嘴裂延伸至眼后，腿部细长。成鸟繁殖期下背部具大量蓑羽，胸部及头部无饰羽。嘴部颜色多变，繁殖期为黑色具蓝绿色眼先，非繁殖期为黄色具偏绿色眼先，眼黄色。跗跖多为黑色，繁殖期部分为粉红色。

|分布与习性| 通常栖息于湖泊、河流等大型湿地。通常独居，有时与其他鹭类混群。觅食时常伸长颈部向前倾斜。

|居留状况| 夏候鸟、旅鸟。

鹈形目

151 中白鹭

Ardea intermedia Intermediate Egret

L 65~72 cm

LC 三

|识别特征| 体型介于白鹭和大白鹭之间的全白色鹭。嘴较白鹭和大白鹭显短，头部显得小而圆。颈部细长，常缩为"S"形，与大白鹭相比，颈部没有明显的转角，嘴裂不超过眼；与白鹭相比，后枕无饰羽。成鸟繁殖期下胸和背部具宽大的蓑羽。嘴短，非繁殖期为黄色具黑色尖端和黄色眼先，繁殖期主要为黑色具黄色嘴基和黄绿色眼先。眼黄色。跗跖黑色。

|分布与习性| 通常见于内陆或海滨的湿地，包括农田和滩涂等。

|居留状况| 旅鸟。

鹈形目

152 白鹭

Egretta garzetta Little Egret

L 55~65 cm
LC 三

| 识别特征 | 中等体型的鹭类。较牛背鹭略为高挑修长,颈部更长;比中白鹭小。通常为全白色,偶尔可见灰色个体。繁殖期成鸟的枕部具两根延长的饰羽,胸部和后背部也具延长的蓑羽,有时可耸立。嘴细长,黑色,幼鸟下嘴发黄。眼先非繁殖期为黄色至黄绿色,繁殖期为橙色或粉红色。眼黄色。跗跖通常全黑色,趾为黄色。

| 分布与习性 | 集群营巢栖息于湿地附近的树上。通常单独或小群觅食,有时与其他鹭类混群。常见于湖泊、河流、库塘、农田,偶尔也见于沙滩和岩岸。有时在水中用脚搅动以惊出其中鱼、虾。

| 居留状况 | 夏候鸟、旅鸟、冬候鸟。

鹈形目

153 黄嘴白鹭

Egretta eulophotes Chinese Egret

L 65~68 cm
VU Ⅰ

鹈形目

| 识别特征 | 中等体型的白色鹭类，通常比白鹭体型略大。颈部和腿部较白鹭相对粗短。顶冠与后枕的饰羽宽大，胸部和下背部具蓑羽。繁殖期嘴为黄色或橙色，眼先为灰蓝色至蓝色；非繁殖期嘴为黑色，下嘴基部为黄色，眼先为黄色。眼黄色。腿黑色，沾有不同程度的黄色，有时黑色跗跖与黄绿色趾形成鲜明对比。

| 分布与习性 | 多见于滨海湿地、滩涂、河口及海岛的多岩地带。觅食行为有别于其他鹭类，常身体倾斜下蹲，会突然冲向猎物，追捕猎物。在北大港主要分布在海滨浴场。

| 居留状况 | 旅鸟。

154 卷羽鹈鹕

L 168~180 cm
NT I

Pelecanus crispus Dalmatian Pelican

|识别特征| 大型水鸟，喙粗大。成鸟体羽灰白色。繁殖期胸部具金黄色羽簇，头部羽毛蓬松卷曲，面部及前额覆羽。非繁殖期无黄色胸斑，嘴部颜色黯淡。幼鸟似白鹈鹕，但面部及嘴颜色更深。嘴长具强壮的钩状尖端，繁殖期为黑色，喉囊为橙红色；非繁殖期嘴为粉红色，喉囊为黄色。眼部周围裸露的皮肤为粉红色，虹膜为浅黄色。繁殖期跗跖为深灰色，非繁殖期为粉红色。

|分布与习性| 见于河口、湖泊、河流及水库等水域。在北大港水库、万亩鱼塘、南部水循环均有过记录。东亚种群，数量稀少。

|居留状况| 旅鸟。

鹈形目

鹰形目 / ACCIPITRIFORMES

鹗科 Pandionidae

155 鹗

Pandion haliaetus Osprey

L 55 cm
LC Ⅱ

|识别特征| 雌雄同型。全身大致为黑白两色。头白色，蜡膜蓝灰色，虹膜黄色，具有黑色贯眼纹。上体多暗褐色，下体白色。跗跖和爪灰色。尾羽有多道褐白相间的横带。通常雌鸟的褐色胸带较雄鸟显著。飞行时双翅基部上扬，翅末端下垂，呈现"M"形。
|分布与习性| 在河流、湖泊等水域捕食。主要以鱼类为食。
|居留状况| 旅鸟。

156 黑翅鸢

L 31~37 cm
LC　II

Elanus caeruleus Black-winged Kite

| 识别特征 | 雌雄同型。全身白灰色，仅翅两端黑色。头白色，头顶灰色，蜡膜黄色，虹膜红色，具有短黑色的后眼线。腹面白色，背面及尾淡灰色，跗跖黄色。飞行时翅尖黑色的飞羽与整体白色形成鲜明对比。

| 分布与习性 | 偏好干燥地区的疏林草原、耕地、开阔低地及山区。常停立在死树或电线杆上，也能似红隼在空中悬停。

| 居留状况 | 留鸟。

鹰形目

157 凤头蜂鹰

L 57~61 cm
LC Ⅱ

Pernis ptilorhynhus Oriental Honey Buzzard

|识别特征| 雌雄近似，羽色从浅至深有多种变化。头小，颈长，蜡膜灰色，嘴黑色而细长，雄鸟虹膜深褐色，雌鸟为黄色。后颈具有短冠羽，跗跖和爪鲜黄色，尾部合拢时常中间内凹。飞行时翅前后缘皆平直，翼指6枚，中等长度。

|分布与习性| 主要栖息于森林，从原始森林到人工次生林都有分布。嗜食蜂类，也吃一些两栖爬行类。繁殖期雄鸟在空中有双翅上举、抖动五六下的特有展示飞行。

|居留状况| 旅鸟。

158 乌雕

Clanga clanga Greater Spotted Eagle

L 59~71 cm
VU I

幼鸟

|识别特征| 雌雄同型。全身暗褐色，无斑纹。蜡膜及嘴基部黄色，虹膜暗褐色。尾上覆羽白色，尾下覆羽灰色。跗跖披毛，脚黄色。飞行时头显短粗，身体粗壮，翼甚长，翼指7枚，尾甚短。幼鸟上体具乳白色斑点，有两道白色翼斑。

|分布与习性| 栖息于低山丘陵和开阔平原地区的森林和近湖泊的开阔沼泽地区。主要以青蛙、蛇类、鸟类及哺乳类为食。

|居留状况| 旅鸟。

159 白肩雕

Aquila heliaca Imperial Eagle

L 68~84 cm

VU I

幼鸟

| 识别特征 | 雌雄同型。全身暗褐色，头顶及后颈淡黄色，蜡膜及嘴基黄色，虹膜暗褐色或灰黄色。肩羽混杂有白斑。尾灰色，具有不明显的细纹，尾下覆羽米黄色。跗跖披毛，足黄色。飞行时头颈长，翼甚宽长，翼指7枚，尾甚短。幼鸟全身淡褐色，大覆羽及飞羽后缘白色，有两道白色翼带。

| 分布与习性 | 栖息于开阔原野。在树桩上或柱子上一待就是数小时。常从其他猛禽处抢劫食物。

| 居留状况 | 旅鸟。

鹰形目

160 金雕

Aquila chrysaetos Golden Eagle

L 69~81 cm
LC Ⅰ

幼鸟

|识别特征| 大型猛禽。雌性同型。全身深褐色，头具金色冠羽，蜡膜及嘴基部黄色，虹膜深褐色。尾上覆羽淡褐色，尾羽灰褐色，具不规则的暗灰褐色横斑或斑纹。第一年个体具有醒目的白色翼斑，尾羽中部白色，端部有黑色横带。

|分布与习性| 栖息于高山草原、荒漠、河谷和森林地带，冬季亦常到山地丘陵和山脚平原地带活动。以大中型的鸟类和兽类为食。

|居留状况| 留鸟。

161 雀鹰

Accipiter nisus Eurasian Sparrowhawk

L 30~40 cm
LC　II

| 识别特征 | 雌雄近似。雄鸟头顶、眼周围及背面蓝灰色或灰色，有不明显的白色眉纹，下脸颊淡橙色，蜡膜黄绿色，虹膜黄色至红色，喉部白色，有多道细纵纹。腹部白色，密布红褐色细横纹。尾灰色，有4道深色横带，尾下覆羽白色。雌鸟较雄鸟大，白色眉纹甚明显；蜡膜黄绿色，虹膜黄色至橙色；背部褐色，腹面密布褐色细横纹；尾灰色，有4~5道深色横带，尾下覆羽白色。雌雄足皆黄色。飞行时翅后缘圆突，翼指6枚，略突出。

| 分布与习性 | 一般栖息于山林和开阔的平原地带。以雀形目小鸟、昆虫和鼠类为食，也捕食鸽形目鸟类。

| 居留状况 | 旅鸟。

162 白腹鹞

Circus spilonotus Eastern Marsh Harrier

L 48~58 cm
LC　II

| 识别特征 | 雌雄异型。雄鸟分为两种色型，其中，灰头型头部灰褐色，虹膜黄色，脸部灰黑色，有辐射状褐色细纹，背部及覆羽灰黑色，胸部有许多褐色细纹；黑头型头全部黑色，虹膜黄色，背部及覆羽为灰黑色，有许多白斑，颈部黑色，上胸部有许多粗黑纵纹。两种色型翼端均为黑色，腹部、尾下覆羽及尾上覆羽白色，尾灰色。雌鸟全身为斑驳的褐色；脸部灰褐色，有辐射状细纹；虹膜黄色；头顶及颈部羽色较浅，布满褐色纵纹；腹面密布红褐色纵纹；尾褐色，有6~8条深色横带；尾上覆羽淡褐色或皮黄色。

♂ 黑头型

| 分布与习性 | 多栖息于沼泽中的芦苇丛。在低空盘旋搜寻猎物。

| 居留状况 | 旅鸟。

♀

鹰形目

163 白尾鹞

Circus cyaneus Hen Harrier

L 43~54 cm
LC　II

|识别特征| 雌雄异型。雄鸟全身灰白色，头、颈、背部及上胸前灰色。眼先黄色，蜡膜黄色，虹膜黄色。初级飞羽黑色。胸下部及腹部白色。尾灰色，尾上覆羽及尾下覆羽白色。雌鸟全身大致褐色，头部浅褐色；蜡膜黄色，虹膜黄色，眼四周颜色较浅；背部及翅面褐色，腹部米黄色，有纵纹；尾褐色，有3~5道深色横带，尾上覆羽白色。足黄色。飞行时轮廓修长，翅膀和尾狭长，翼指5枚。在所有鹞类中，面盘最明显。

♀

|分布与习性| 喜开阔原野、草地及农耕地，最偏爱草原沼泽湿地。低空盘旋搜寻猎物。

|居留状况| 旅鸟。

♂

鹰形目

164 鹊鹞

Circus melanoleucos Pied Harrier

L 43~50 cm
LC　II

识别特征 雌雄异型。雄鸟全身黑白色，头、胸、背部为黑色；眼先黄色、虹膜黄色；翅膀初级飞羽及中覆羽黑色；腹部、尾下覆羽及尾上覆羽白色，尾灰色。雌鸟全身大致褐色；头、胸及背部褐色；飞羽灰色，次级飞羽有2~3道黑色横道；胸部有褐色粗纵纹，腹部白色；尾灰色，有4~5道黑色横纹，尾上覆羽白色。足黄色。飞行时轮廓修长，翅膀和尾狭长，翼指5枚。

分布与习性 在开阔原野、沼泽湿地、芦苇地及农田的上空低空盘旋搜寻猎物。

居留状况 夏候鸟、旅鸟。

鹰形目

165 黑鸢

Milvus migrans Black Kite

|识别特征| 雌雄同型。全身深褐色，头深褐色。眼后的羽色更深，呈耳斑状，眼先灰色，蜡膜灰色，虹膜深褐色。背部暗褐色，覆羽的外端颜色较浅，呈白斑状。足灰色。中央尾羽内凹，呈鱼尾状。飞行时翼指6枚明显，鱼尾状尾明显。

|分布与习性| 喜开阔的农田、乡村及城镇。停栖于柱子、电线、建筑物或地面。也喜欢在垃圾堆找食腐物。

|居留状况| 旅鸟。

鹰形目

166 白尾海雕

L 75~98 cm
LC　I

Haliaeetus albiclla White-tailed Sea Eagle

| **识别特征** | 大型猛禽。雌雄同型。全身大致褐色，头部及颈部淡褐色。眼先黄色，蜡膜黄色。嘴黄色且粗大。背腹面褐色，飞羽颜色较深。足黄色。尾巴相对较短，白色。飞行时翅膀极宽长，翼指7枚，甚长。成年白色尾羽极明显，亚成体白色尾羽边缘黑色。

| **分布与习性** | 在河流、湖泊、水库等地捕食。以鱼类为主要食物。常停栖于高大的树木上。

| **居留状况** | 旅鸟、冬候鸟。

167 毛脚鵟

L 53~61 cm
LC Ⅱ

Buteo lagopus Rough-legged Buzzard

鹰形目

| 识别特征 | 雌雄相近。全身淡褐色，头乳白色，头顶有若干褐色细纵纹。有细眼后线，蜡膜黄色，虹膜褐色。背部淡褐色或褐色，覆羽羽缘单色形成若干白斑。雄鸟喉部至上胸深色，腹部较淡；雌鸟喉部至上胸淡色，腹部较深。尾白色，末端有一道褐色粗横带。飞行时头显短粗，翼指5枚，中等长度。黑色腕斑明显，翼后缘镶黑边，尾羽白色与末端黑带对比明显。

| 分布与习性 | 栖息于苔原、湖泊、沼泽等湿地。以小型哺乳动物为主要食物。

| 居留状况 | 旅鸟、冬候鸟。

168 大鵟

L 57~67 cm
LC II

Buteo hemilasius Upland Buzzard

| **识别特征** | 雌雄相近。全身淡褐色，头乳白色，蜡膜黄绿色，虹膜黄色。后眼线不明显或缺失。前后头皆有若干褐色纵纹。背部浅褐色，覆羽羽缘浅色形成白斑。胸部乳黄色，腹侧深褐色。尾淡皮黄色，有3~7条褐色细横带。尾上覆羽深褐色。跗跖下半部披毛，黄色。飞行时翼指5枚，中等长度，初级飞羽基部白色，翅窗明显。

| **分布与习性** | 栖息于干燥的草原、高原、沙漠等生境。以小型哺乳动物为主要食物。

| **居留状况** | 旅鸟、冬候鸟。

鹰形目

169 普通鵟

L 50~60 cm
LC II

Buteo japonicus Eastern Buzzard

| 识别特征 | 雌雄相近。全身褐色，头部及背部褐色，脸颊、喉及颈侧有若干褐色纵纹，喉部暗褐色。蜡膜黄灰色，虹膜暗褐色。腹面淡皮黄色，胸部有若干纵纹，腹部有深色斑块。上尾面褐色，下尾面米黄色，有多道不明显的淡褐色细横带，足黄色。飞行时头显短粗，翼宽，翼指5枚，中等长度，尾常张开。

| 分布与习性 | 喜开阔原野，且在空中热气流上高高翱翔。在裸露树枝上歇息。飞行时常停在空中振羽。以小型哺乳动物为主要食物，有时也吃腐肉。

| 居留状况 | 旅鸟、冬候鸟。

鹰形目

鸮形目 / STRIGIFORMES

鸱鸮科 Strigidae

170 红角鸮

🌓 L 17~21 cm
LC Ⅱ

Otus sunia Oriental Scops Owl

| 识别特征 | 小型鸮类。全身灰色或棕色。头顶至背和覆羽具棕白色斑，耳簇羽明显，面盘灰褐色，密布纤细黑纹。上体灰褐色或棕栗色，体羽多纵纹，具黑褐色细纹；下体大部分红褐色至灰褐色，有暗褐色横斑。虹膜黄色。嘴暗绿色。脚褐灰色。

| 分布与习性 | 夜行性猛禽，喜有树丛的开阔原野。栖息于山地林间，筑巢于树洞中。主要以昆虫、鼠类、小鸟为食。

| 居留状况 | 夏候鸟、旅鸟。

鸮形目

171 纵纹腹小鸮

Athene noctua Little Owl

L 20~26 cm
LC Ⅱ

| 识别特征 | 小型鸮类。面盘不明显，也没有耳簇羽。头顶平，眉纹和两眼之间为白色。上体灰褐色，并散布有白色的斑点；下体棕白色，有褐色纵纹，腹部及尾下覆羽白色。虹膜亮黄色。嘴角质黄色。脚白色，并被有棕白色羽毛。

| 分布与习性 | 栖息于低山丘陵、林缘灌丛和平原森林地带，也出现在农田、荒漠和村庄附近的树林中。主要在白天活动。捕食昆虫、蚯蚓、两栖动物以及小型的鸟类和哺乳动物。

| 居留状况 | 留鸟。

172 长耳鸮

Asio otus Long-eared Owl

L 35~40 cm
LC Ⅱ

| **识别特征** | 中型鸮类。全身暗褐色。面盘显著，头顶有两簇黑黄相间的耳状羽。上体棕黄色；下体黄褐色，具较细的黑色纵斑。尾上覆羽棕黄色，尾下覆羽棕白色。虹膜橙红色。嘴暗铅色。脚粉黄色，并被有棕白色羽毛。

| **分布与习性** | 喜栖息在阔叶或针叶乔木的高枝上，而且栖息地往往非常固定。以各种鼠类为主，也捕食小型鸟类。

| **居留状况** | 夏候鸟、冬候鸟、旅鸟。

鸮形目

173 短耳鸮

Asio flammeus Short-eared Owl

L 35~42 cm
LC Ⅱ

| **识别特征** | 中型鸮类。全身黄褐色。面盘显著，眼周黑色，耳状羽短小而不外露。上体包括翅和尾，表面大都棕黄色，腰和尾上覆羽棕黄色，下体棕白色。尾羽棕黄色，具黑褐色横斑和棕白色端斑。虹膜金黄色。嘴深灰色。脚棕黄色，并被有棕白色羽毛。

| **分布与习性** | 短耳鸮与一般的鸮类不同，常在白昼活动。夜间多以田鼠为食，白天多以昆虫为食。

| **居留状况** | 旅鸟、冬候鸟。

鸮形目

犀鸟目 / BUCEROTIFORMES

戴胜科 Upupidae

174 戴胜

L 26~28 cm
LC 三

Upupa epops Common Hoopoe

| 识别特征 | 全身色彩鲜明。头顶具长而尖的棕色丝状冠羽，顶端黑色。嘴长且下弯。头、上背、肩及下体粉棕色，两翼及尾具黑白相间的条纹。

| 分布与习性 | 栖息于各种开阔地带，尤其以林缘耕地生境较为常见。性活泼，常在地面上慢步行走，边走边觅食，喜开阔潮湿地面。

| 居留状况 | 夏候鸟、旅鸟。

犀鸟目

佛法僧目 / CORACIIFORMES

翠鸟科 Alcedinidae

175 蓝翡翠

L 25~31 cm
LC 三

Halcyon pileata Black-capped Kingfisher

| **识别特征** | 头黑色。翅上覆羽黑色，形成一大块黑斑。上体蓝色或紫色，胸白色；下体棕色。虹膜深褐色。嘴和脚红色。

| **分布与习性** | 栖于或悬于河上的枝头，喜大河流两岸、河口及红树林，偶尔也可见站立在电线上。

| **居留状况** | 夏候鸟、旅鸟。

176 普通翠鸟

Alcedo atthis Common Kingfisher

|识别特征| 全身亮蓝色及棕色。上体金属浅蓝绿色，颊白色，颈侧具白色点斑；下体橙棕色。虹膜褐色。嘴黑色。脚为红色。

|分布与习性| 栖息于有灌丛或疏林、水清澈而缓流的小河、湖泊。性孤独，平时常独栖在近水边的树枝上或岩石上。食物以小鱼为主。在溪流岸边掘洞为巢。

|居留状况| 留鸟。

佛法僧目

啄木鸟目 / PICIFORMES

啄木鸟科 Picidae

177 蚁䴕

L 16~20 cm
LC 三

Jynx torquilla Eurasian Wryneck

| 识别特征 | 全身灰褐色。额及头顶污灰色，体羽斑驳杂乱，下体具小横斑。尾较长，具不明显的横斑。虹膜淡褐色。嘴角质色，相对较短，呈圆锥形。脚褐色。

| 分布与习性 | 常单独活动，多在地面觅食，行走时成跳跃式。受惊时颈部能够像蛇一样扭转。

| 居留状况 | 旅鸟。

178 棕腹啄木鸟

L 19~24 cm
LC 三

Dendrocopos hyperythrus Rufous-bellied Woodpecker

|识别特征| 头侧及下体为醒目的赤褐色。背部、两翼及尾黑色，具有成排的白点。臀红色。雄鸟顶冠及枕部红色，雌鸟顶冠黑而具白点。虹膜褐色。嘴灰色，尖端黑色。脚灰色。

|分布与习性| 喜次生阔叶林、针阔混交林。单个或成对活动。以昆虫为主要食物。

|居留状况| 旅鸟。

啄木鸟目

179 大斑啄木鸟

Dendrocopos major Great Spotted Woodpecker

L 21~25 cm
LC 三

♂

♀

| 识别特征 | 全身黑白相间。额部、耳羽白色或淡褐色，头顶、后颈和上背均为黑色。雄鸟枕部具狭窄红色带，雌鸟无。胸部污白色，下腹部和尾上覆羽为鲜艳的红色。尾羽强劲，两枚中央尾羽黑色，外侧尾羽白色具黑色横斑。虹膜近红色。嘴灰色。脚灰色。

| 分布与习性 | 常单独或成对活动。多在树干和粗枝上觅食，有时也在地上倒木和枝叶间取食。飞翔时两翅一开一闭，成大波浪式前进。

| 居留状况 | 留鸟。

180 灰头绿啄木鸟

L 26~28 cm
LC 三

Picus canus Grey-headed Woodpecker

| 识别特征 | 全身灰绿色。雄性额部和头顶鲜红色，雌性灰黑色。枕部、后颈黑色。背部、两翼的羽毛灰绿色，胸部、腹部灰绿色，腰部为嫩黄色。下体上部污白色。尾羽灰褐色具宽阔的白色横斑。虹膜红褐色。嘴灰色。脚蓝灰色。

| 分布与习性 | 常活动于林地及林缘。主要以昆虫为食，有时也在地面取食。

| 居留状况 | 留鸟。

啄木鸟目

隼形目 / FALCONIFORMES

隼科 Falconidae

181 红隼

🌐 L 27~35 cm
LC Ⅱ

Falco tinnunculus Common Kestrel

│识别特征│ 雌雄异型。雄鸟头部蓝灰色，蜡膜黄色，眼圈黄色，眼暗褐色，眼下有一道尖窄的深色髭纹；背部砖红色，有黑色斑点；腹面淡皮黄色，有黑色纵斑；尾羽及尾上覆羽灰色，仅尾羽末端有一道黑色的粗横带。雌鸟头部及背面红褐色，背部密布横斑；尾红褐色，有多道暗色窄横带，末端也有一道黑色的粗横带；尾上覆羽褐色或灰色。裸足，足黄色，爪黑色。飞行时翼显窄长，整体修长。

│分布与习性│ 喜开阔原野，停栖在柱子或枯树上，常从地面捕捉猎物。悬停时将尾全张开。

│居留状况│ 夏候鸟、冬候鸟、旅鸟。

182 红脚隼

Falco amurensis Amur Falcon

L 26~30 cm
LC　II

| **识别特征** | 雌雄异型。雄鸟全身深灰色；蜡膜及眼圈红色，眼暗褐色；背面灰黑色，腹面灰色，下腹面及尾下覆羽橙色；足红色。雌鸟头灰黑色，喉白色；蜡膜及眼圈橙黄色，眼褐色，眼下有一道窄髭纹；背灰黑色，腹部米黄色，密布黑色横斑；下腹部及尾下覆羽浅黄色；尾为灰色，有多道黑色细横纹；足橙黄色。飞行时雄鸟白色的覆羽与灰黑色的身躯及黑色飞羽形成鲜明对比。

| **分布与习性** | 喜立于电线上。黄昏后捕捉昆虫，长距离迁徙时结成大群，越冬地在南非。

| **居留状况** | 旅鸟。

隼形目

183 灰背隼

Falco columbarius Merlin

L 24~32 cm
LC II

| **识别特征** | 雌雄异型。雄鸟头顶及脸颊蓝灰色；蜡膜黄色，眼暗褐色，眼上方有一道白色眉线，眼下有一道不甚明显的深色髭纹；背部蓝灰色，腹面黄色，有深色纵纹；尾灰色，末端有黑色宽带。雌鸟全身栗褐色，白色长眉纹；蜡膜黄色，眼圈黄色，眼褐色；背面深褐色，腹面白色，密布褐色纵斑；尾褐色，有若干黑色横带。足黄色。

| **分布与习性** | 栖息生境多样，喜开阔林地和草地。飞掠地面捕捉小型鸟类。

| **居留状况** | 旅鸟。

隼形目

184 燕隼

Falco subbuteo Eurasian Hobby

L 28~34 cm

LC　II

| 识别特征 | 雌雄同型。头顶蓝灰色，蜡膜黄色，眼圈黄色，眼暗褐色，眼上有一道白色眉纹，眼下有一道窄长的黑色髭纹。腹面白色，胸部密布黑色纵斑。尾羽及尾上覆羽灰色，有多道浅色的横带。下腹部及尾下覆羽栗红色。足黄色。飞行时整体轮廓似大型雨燕。

| 分布与习性 | 喜开阔地及有林地带。于飞行中捕捉昆虫及鸟类为食，飞行迅速。

| 居留状况 | 旅鸟。

隼形目

185 猎隼

 L 45~55 cm
EN I

Falco cherrug Saker Falcon

| 识别特征 | 喙浅灰色，喙端黑色。头顶浅褐色，眉纹白色。上体多褐色而略具横斑，下体偏白色。尾具狭窄的白色羽端。腿浅黄色。

| 分布与习性 | 栖息于草原、山地、河谷、沙漠。以中小型鸟类、野兔、鼠类等动物为食。

| 居留状况 | 旅鸟。

隼形目

186 游隼

Falco peregrinus Peregrine Falcon

L 38~51 cm
LC　Ⅱ

| **识别特征** | 雌雄相近。头部灰黑色，蜡膜黄色，眼圈黄色，眼暗褐色，眼下有一道极宽的黑色髭纹，脸颊白色。背面蓝灰色，腹面白色，胸部中央密布黑色细纹。尾灰色，有多道深色窄横带。足黄色。飞行时翼较其他隼类宽。

| **分布与习性** | 常成对活动。飞行甚快，并从高空呈螺旋形而下猛扑猎物。为世界上飞行最快的鸟种之一，有时作特技飞行。

| **居留状况** | 旅鸟、冬候鸟。

雀形目 / PASSERIFORMES

黄鹂科 Oriolidae

187 黑枕黄鹂

L 23~27 cm
LC 三

Oriolus chinensis Black-naped Oriole

| 识别特征 | 通体大都金黄色，虹膜为红褐色，嘴为粉红色，头枕部有一宽阔的黑色带斑，且枕部较宽，并向两侧延伸相连黑色贯眼纹，形成一条黑带围绕头顶，在金黄色的头部甚为醒目。两翅和尾黑色。脚为铅蓝色。与其相似的金黄鹂枕部不为黑色，黑色贯眼纹亦不延伸到枕部。

| 分布与习性 | 栖息于树林、农田、原野、村庄附近和城市公园的树上，常单独或成对活动，很少下到地面。叫声清脆婉转，模仿其他鸟的叫声，飞行呈波浪式。

| 居留状况 | 夏候鸟、旅鸟。

雀形目

188 黑卷尾

🔵 L 24~30 cm
LC 三

Dicrurus macrocercus Black Drongo

| **识别特征** | 通体黑色具蓝绿色金属光泽，虹膜为褐色，嘴黑色，尾长且最外侧一对尾羽最长，呈叉状，末端向外微向上卷，极明显，脚黑色。与其相似的发冠卷尾额部有发状冠羽。

| **分布与习性** | 栖息于沼泽、田野、村庄等开阔地区的丛林生境中或电线上，多成对或成小群活动。

| **居留状况** | 夏候鸟、旅鸟。

雀形目

189 红尾伯劳

L 18~21 cm

LC 三

Lanius cristatus Brown Shrike

|识别特征| 上体棕褐色或灰褐色，头顶灰色或红棕色，眉纹白色，贯眼纹黑色，虹膜为暗褐色，嘴为黑色。额、喉白色，腰棕褐色，其余下体棕白色。两翅黑褐色，翅缘白色，尾上覆羽红棕色，尾呈楔形。脚铅灰色。

|分布与习性| 栖息于灌丛、疏林和田边地头灌丛中。单独或成对活动。性活泼，有时高高地站立在小树顶端或电线上。

|居留状况| 旅鸟。

雀形目

190 棕背伯劳

Lanius schach Long-tailed Shrike

L 23~28 cm
LC 三

|识别特征| 伯劳中体型较大者。背棕红色，虹膜为暗褐色，嘴黑色。额、头顶至后颈深灰色近黑色，贯眼纹黑色，两翅黑色具白色翼斑，下体多棕白色。尾长且黑色，外侧尾羽多皮黄褐色。脚为黑色。与其相似的红背伯劳和红尾伯劳体型均较小，尾较短。

|分布与习性| 栖息于林旁、农田、路旁和电线上，多单独活动。性凶猛，善于捕食昆虫，也能捕杀小鸟、蛙和啮齿类等。叫声悠扬、婉转悦耳。繁殖期领域性强，当受到刺激时尾常向两边不停地摆动。

|居留状况| 夏候鸟、旅鸟、冬候鸟。

雀形目

191 楔尾伯劳

Lanius sphenocercus Chinese Grey Shrike

L 25~31 cm
LC 三

|识别特征| 伯劳中最大的一种。上体多灰色，具黑色宽贯眼纹，非常明显，虹膜为褐色，嘴为黑色。窄眉纹白色，两翅黑色，翅上有白色翅带，内侧飞羽具白色羽端，下体白色，尾为黑色呈楔状，外侧的三对尾羽白色。脚为黑色。与其相似的灰伯劳体型较小，尾较短。

|分布与习性| 栖息于草地、林缘、农田、旷野等林木稀少的开阔地区。常单独或成对活动。性活泼，飞行速度较快，姿态凶猛。叫声粗犷、响亮。有时在空中或灌丛追捕小鸟。

|居留状况| 冬候鸟、旅鸟。

雀形目

192 灰喜鹊

Cyanopica cyanus Azure-winged Magpie

L 33~40 cm
LC 三

| 识别特征 | 虹膜为黑褐色，嘴黑色，雌雄羽色相似，额至后颈黑色，背灰色，两翅和尾灰蓝色，颏、喉白色，其余下体灰白色。尾长且呈灰蓝色、凸状具白色端斑。跗跖和爪均为黑色。

| 分布与习性 | 栖息于林地、田边和村庄附近的林子内，也出现在城市公园中。成小群活动，有时集大群。飞行迅速。不做长距离飞行，四处游荡。叫声单调嘈杂。

| 居留状况 | 留鸟。

雀形目

193 喜鹊

Pica pica Common Magpie

L 38~48 cm
LC 三

识别特征 | 头、颈、胸和上体黑色带紫蓝色金属光泽，虹膜黑褐色，嘴黑色，两胁和腹白色，翅上有一大块白斑，尾黑色具铜绿色金属光泽，脚为黑色。特征明显，容易识别。

分布与习性 | 栖息于林缘、农田、村庄、城市公园等人类居住环境附近的地方，是一种喜欢和人类为邻的鸟类。性机警，飞翔能力较强，叫声单调、响亮，集群时叫声甚为嘈杂。

居留状况 | 留鸟。

雀形目

194 达乌里寒鸦

Corvus dauuricus Daurian Jackdaw

L 30~35 cm
LC 三

| 识别特征 | 全身羽毛主要为黑色具蓝紫色金属光泽，仅颈后有一宽阔的白色横带向两侧延伸至胸和腹部，虹膜为黑褐色，嘴和脚黑色，特点极为显著。

| 分布与习性 | 栖息于农田、旷野、林地等各类生境中。在地上觅食，喜成群，性较大胆。叫声短促、尖锐、单调，常边飞边叫，甚为嘈杂。

| 居留状况 | 冬候鸟、旅鸟。

雀形目

195 秃鼻乌鸦

Corvus frugilegus Rook

L 41~51 cm

LC 三

| **识别特征** | 通体黑色具紫色金属光泽，虹膜褐色，嘴长直而尖、黑色，基部裸露呈灰白色。两翅和尾具铜绿色光泽，圆尾。脚为黑色。

| **分布与习性** | 主要栖息于农田、河流和村庄附近。常成群活动，成群沿河谷飞到附近农田、路上和垃圾堆觅食，活动时伴随着粗犷而单调的叫声，有时边飞边叫，非常嘈杂。

| **居留状况** | 冬候鸟、旅鸟。

雀形目

196 小嘴乌鸦

L 45~53 cm
LC

Corvus corone Carrion Crow

| **识别特征** | 通体黑色具紫蓝色金属光泽。虹膜为黑褐色，飞羽和尾羽具蓝绿色金属光泽，头顶羽毛窄而尖，脚黑色。与大嘴乌鸦相比体型较小，嘴较细短，嘴峰较直，额较平。

| **分布与习性** | 栖息于疏林、农田、村庄附近及林缘地带。性机警，多在树上或电线上停息，觅食多在地上，常集大群，有时也和大嘴乌鸦混群。

| **居留状况** | 冬候鸟、旅鸟。

雀形目

197 大嘴乌鸦

L 45~54 cm
LC

Corvus macrorhynchos Large-billed Crow

识别特征 通体黑色具紫绿色金属光泽。虹膜褐色或暗褐色，嘴黑色粗大，嘴峰弯曲，具明显峰嵴，嘴基有伸至鼻孔处的长羽。额部较陡突。尾长且呈楔状。脚黑色。与其相似的小嘴乌鸦体型稍小，嘴较细且弯曲小，额部不陡突，尾平不呈楔状。

分布与习性 多栖息于各种森林中，喜欢疏林和林缘地带，在林间路旁农田、草地上活动，多在树上、地上、电线上和屋脊上栖息。性机警，叫声单调粗犷。有时和秃鼻乌鸦、小嘴乌鸦混群活动。

居留状况 留鸟、旅鸟。

雀形目

198 煤山雀

L 11 cm

LC 三

Periparus ater Coal Tit

| 识别特征 | 小型山雀。头黑色具短的黑色冠羽，后颈中央白色，颊部有大块白斑，颈侧、喉及上胸黑色。翼具两道白色翅斑。上体深灰色或橄榄灰色，下体白色或略沾皮黄色。嘴黑色，边缘灰色。虹膜褐色。跗跖青灰色。

| 分布与习性 | 常见于山区阔叶林或混交林中，冬季有时会下到低海拔树林和灌丛生境中越冬。

| 居留状况 | 留鸟。

雀形目

199 黄腹山雀

Pardaliparus venustulus Yellow-bellied Tit

L 10 cm
LC 三

| 识别特征 | 小型山雀。腹部鲜黄色，翅上具两排白色斑点。雄鸟头、胸部黑色，脸颊具白斑；雌鸟头顶石板灰色，喉、胸部白色。虹膜褐色。嘴蓝黑色。跗跖铅灰色或灰黑色。

| 分布与习性 | 栖息于山地林区，声音比其他山雀显得细而弱。中国鸟类特有种。

| 居留状况 | 旅鸟。

雀形目

200 大山雀

Parus cinereus Cinereous Tit

L 14 cm
LC

| **识别特征** | 体型较大的山雀。头及喉部黑色，面颊及颈背处白色。上背和两肩黄绿色，具一道白色翼斑。下体白色，胸腹中央有条宽阔的黑色纵纹与喉相连，雄鸟黑色带较宽，雌鸟略窄。嘴黑褐色或黑色。虹膜褐色或暗褐色。跗跖暗褐色或紫褐色。

| **分布与习性** | 栖息于山地林区，冬季迁往低山或平原，在城市园林中也很常见。

| **居留状况** | 留鸟。

雀形目

攀雀科 Remizidae

201 中华攀雀

🔘 L 11 cm
LC 三

Remiz consobrinus Chinese Penduline Tit

| 识别特征 | 体型较小。体羽沙色。雄鸟顶冠灰色，脸罩黑色；雌鸟色暗，脸罩呈深褐色，下体皮黄色。嘴灰黑色。虹膜深褐色。跗跖蓝灰色。

| 分布与习性 | 栖息于林地或平原，喜欢芦苇地。冬季喜欢集群活动。繁殖期编织结构精致的巢。

| 居留状况 | 夏候鸟、旅鸟。

雀形目

202 蒙古百灵

🌐 L 17~22 cm
LC　Ⅱ

Melanocorypha mongolica Mongolian Lark

|识别特征| 眉纹白色。头顶栗色，中央浅棕色。上体黄褐色，具棕黄色羽缘。下体白色，胸部具黑带。眉纹白色在枕部相接。初级飞羽黑褐色，具白色翅斑。最外侧一对尾羽白色。

|分布与习性| 栖息于草原、半荒漠等开阔地区。

|居留状况| 冬候鸟、旅鸟。

203 短趾百灵

L 14~17 cm
LC

Alaudala cheleensis Asian Short-toed Lark

|识别特征| 体型较小。上体近棕褐色、有黑色纵纹。眉纹较短，淡棕白色，虹膜暗褐色，嘴黄褐色。胸和喉侧棕色较深，上胸两侧具小块黑斑。下体皮黄白色，尾羽黑褐色，最外侧两对尾羽具棕白色斑，尾下覆羽白色。跗跖肉色。

|分布与习性| 出现在近水草地和农田地带。迁徙期集成群。性活泼，善于在地上奔跑。

|居留状况| 冬候鸟、旅鸟。

204 云雀

L 15~19 cm
LC II

Alauda arvensis Eurasian Skylark

| **识别特征** | 体型中等。虹膜深褐色。嘴为角质色。眉纹多近白色，羽冠较短，上体近棕色有灰褐色斑纹，胸部具黑褐色纵纹，背部羽干黑褐色，下体棕白色，飞羽黑褐色，尾羽黑褐色具棕白色羽缘，最外侧一对尾羽白色。跗跖肉色。

| **分布与习性** | 栖息于开阔的草地、沼泽、耕地及海岸等各种生境，尤其喜欢近水草地。常成群活动，多奔跑于地面。

| **居留状况** | 夏候鸟、冬候鸟、旅鸟。

雀形目

205 文须雀

🌐 **L** 15~18 cm
LC

Panurus biarmicus Bearded Reedling

♂

| **识别特征** | 嘴黄色。上体棕黄色，外侧尾羽白色，下体白色，腹皮黄白色。雄鸟头灰色，眼先和眼周黑色并向下与黑色髭纹连在一起，尾下覆羽黑色。雌鸟无黑色髭纹。

| **分布与习性** | 栖息于湖泊、水库、河流沿岸的芦苇沼泽中。

| **居留状况** | 冬候鸟、旅鸟、夏候鸟。

雀形目

206 棕扇尾莺

L 10 cm
LC

Cisticola juncidis Zitting Cisticola

| 识别特征 | 体型小的棕褐色莺类。眉纹白色，上体栗棕色而具明显的黑褐色纵纹，翅上具有黑色纵纹，背部及腰黄褐色，下体黄白色，两胁染棕黄色。尾短，且中央尾羽最长，具棕色端斑和黑色次端斑，外侧尾羽具白色端斑。上嘴红褐色，下嘴粉红色。虹膜红褐色。跗跖肉色。

| 分布与习性 | 栖息于平原灌丛、开阔草地、湿地苇塘等低矮茂密植被生境中。繁殖期常立于植物的顶端而易见。

| 居留状况 | 旅鸟、夏候鸟。

207 东方大苇莺

🌐 L 16~19 cm
LC

Acrocephalus orientalis Oriental Reed Warbler

| 识别特征 | 体型较大的褐色苇莺。外形与大苇莺相近，但体型稍小。眉纹淡黄色，上体橄榄棕褐色，下体污白色，胸微具灰褐色纵纹，尾较短且尾端色浅。上嘴褐色，下嘴粉色。虹膜褐色。跗跖灰色。

| 分布与习性 | 栖息于低山丘陵和平原的湿地灌丛或芦苇丛中。在芦苇顶端喧闹地"呱呱唧"鸣叫。

| 居留状况 | 夏候鸟、旅鸟。

雀形目

208 黑眉苇莺

L 12 cm

LC 三

Acrocephalus bistrigiceps Black-browed Reed Warbler

| **识别特征** | 体型较小的褐色苇莺。眉纹皮黄白色，上有一粗黑纹并行。上体橄榄棕色，下体多为白色，两胁和尾下覆羽染皮黄色。嘴黑褐色，下嘴基淡褐色。虹膜褐色。跗跖褐色。

| **分布与习性** | 栖息于低山丘陵和平原的湖泊、河流、水塘等水边湿地灌丛或芦苇丛中。

| **居留状况** | 夏候鸟、旅鸟。

雀形目

209 厚嘴苇莺

Arundinax aedon Thick-billed Warbler

L 18 cm
LC

| **识别特征** | 大型苇莺。嘴粗短宽阔，嘴须非常发达，具副须。眼先和眼周淡皮黄白色，无眉纹，上体橄榄棕褐色而无纵纹，下体羽颜、喉和腹部中央白色，胸部和两胁、尾下覆羽淡棕色。嘴黑褐色，下嘴基部淡黄褐色。虹膜暗褐色。跗跖铅褐色。

| **分布与习性** | 栖息于林缘、湖边或河谷两岸的丛林、灌木林。性隐匿。

| **居留状况** | 旅鸟。

210 矛斑蝗莺

L 12 cm
LC 三

Locustella lanceolata Lanceolated Warbler

|识别特征| 体型较小、尾短的蝗莺。皮黄色眉纹细弱，上体橄榄褐色且密布明显的黑色纵纹，下体乳白色，多具黑纵纹。尾下覆羽棕褐色，杂有黑褐色羽干纵纹。嘴黑褐色，下嘴基黄褐色。虹膜暗褐色。跗跖肉色。

|分布与习性| 栖息于低山和山脚的稀疏灌丛和草丛中，尤其喜欢湿地湖泊、沼泽水域的草丛。

|居留状况| 旅鸟。

雀形目

211 小蝗莺

L 13~14 cm
LC

Locustella certhiola Pallas's Grasshopper Warbler

|识别特征| 体型中等的蝗莺。眉纹白色，头顶和背部具明显黑纵纹。上体橄榄棕色，下体白色而无黑纵纹，胸、两胁和尾下覆羽皮黄色。尾凸，具黑色次端斑和白色端斑。嘴暗褐色，下嘴基黄褐色。虹膜暗褐色。跗跖暗褐色。

|分布与习性| 主要栖息于湖泊与河流岸边及邻近的疏林、林缘灌草丛中。

|居留状况| 旅鸟。

雀形目

212 崖沙燕

Riparia riparia Sand Martin

L 11~14 cm
LC 三

| **识别特征** | 上体沙灰色，虹膜深褐色，嘴黑褐色，胸部具灰褐色宽胸带，背和翅上覆羽深灰褐色，飞羽黑褐色，腹和尾下覆羽灰白色，下体白色，尾呈浅叉状且深褐色，其余羽缘近白色，跗跖裸露，深褐色。

| **分布与习性** | 栖息于河流、沼泽、湖泊岸边的沙滩和砂质岩坡上。成群生活，不远离水域，成群在湿地上空飞翔，常与其他燕类混群。

| **居留状况** | 旅鸟。

213 家燕

Hirundo rustica Barn Swallow

L 15~19 cm
LC 三

| 识别特征 | 额为深栗色，虹膜暗褐色，嘴为黑褐色。上体蓝黑色且富有光泽，飞羽狭长，多具蓝色光泽。下胸和腹白色。尾长，最外侧一对尾羽特别延长，呈深叉状。除一对中央尾羽，其他尾羽内多具一白斑。跗跖及趾黑色。

| 分布与习性 | 栖息在人类活动多的环境，如房顶、电线、河滩和田野。多喜欢在空中不停地飞翔，飞行迅速敏捷。成群或成对迁徙。

| 居留状况 | 夏候鸟、旅鸟。

雀形目

214 金腰燕

Cecropis daurica Red-rumped Swallow

L 16~20 cm
LC 三

| 识别特征 | 外形和大小与家燕相似。前额和喉呈棕栗色，虹膜暗褐色，嘴为黑褐色。上体蓝黑色而具金属光泽，腰具棕栗色带，下体多棕白色而具黑色纵纹。尾较长，尾羽为黑褐色或蓝黑色具金属光泽，最外侧一对尾羽最长，呈深叉状。跗跖和趾暗褐色。

| 分布与习性 | 主要栖息于村庄、城镇等居民住宅区。多成群活动，迁徙期有时集大群。性极活跃，喜欢飞翔，多在村庄和附近田野及水面上空飞翔。

| 居留状况 | 夏候鸟、旅鸟。

雀形目

215 白头鹎

🌐 L 17~22 cm
LC 三

Pycnonotus sinensis Light-vented Bulbul

识别特征 上体灰褐色或橄榄灰色，羽缘黄绿色，虹膜褐色，嘴为黑色，额至头顶为黑色，两眼上方至后枕形成一白色枕环，耳羽后部有一白斑。颏、喉及臀部白色，胸灰褐色，腹白色具黄绿色纵纹，尾羽和两翅暗褐色具黄绿色羽缘。脚为黑色。

分布与习性 栖息于灌丛、草地、村落等生境。常集小群活动。性活泼，常在树枝间跳跃，叫声婉转多变。

居留状况 留鸟。

雀形目

216 褐柳莺

L 11~12 cm
LC 三

Phylloscopus fuscatus Dusky Warbler

| **识别特征** | 体型中等偏小。眉纹前白后黄色，贯眼纹暗褐色。上体橄榄褐色，翼无斑，下体乳白色。额、喉白色，尾下覆羽黄褐色。嘴纤细上深下偏黄色。虹膜褐黑色。跗跖淡褐色。

| **分布与习性** | 栖息于近水灌丛。

| **居留状况** | 旅鸟。

雀形目

217 巨嘴柳莺

Phylloscopus schwarzi Radde's Warbler

L 13 cm
LC 三

|识别特征| 体型中等的褐色型柳莺。因褐色的嘴较厚而得名。眉纹在眼前的部分为皮黄色，眼后变成奶白色。上体褐色中带有橄榄色，通体无纹斑，下体白色。胸及两胁沾皮黄色，尾下覆羽红褐色。上嘴黑色，下嘴基部为黄褐色，端部黑色。虹膜褐色。跗跖黄褐色。

|分布与习性| 喜欢栖息在地面和灌丛中。性隐匿。

|居留状况| 旅鸟。

雀形目

218 黄腰柳莺

Phylloscopus proregulus Pallas's Leaf Warbler

L 9 cm
LC 三

| 识别特征 | 体型小而颜色鲜艳的柳莺，最大的特征是腰部为柠檬黄色。粗眉纹黄色，头顶具明显的中央冠纹。上体橄榄绿色，具两道鲜黄色翼斑，下体灰白色。嘴黑色，基部橙黄色。虹膜黑色。跗跖黄褐色。

| 分布与习性 | 喜欢在高大的乔木上活动，并且可以在空中短时间悬停。

| 居留状况 | 旅鸟。

雀形目

219 黄眉柳莺

Phylloscopus inornatus Yellow-browed Warbler

| **识别特征** | 体型较小的绿色柳莺。相比黄腰柳莺，体型更加纤细，且腰不为柠檬黄色。眉纹白色长而明显。上体橄榄绿色，通常具两道明显的黄白色翅斑，下体污白色。胸、两胁和尾下覆羽染黄绿色。上嘴色深，下嘴基黄色。虹膜黑褐色。跗跖颜色较浅。

| **分布与习性** | 栖息于山地和平原的森林中，尤以针叶林和针阔混交林中较常见。

| **居留状况** | 旅鸟。

220 极北柳莺

Phylloscopus borealis Arctic Warbler

|识别特征| 体型较大且修长的柳莺，头大、体长、尾短。嘴较粗厚，白色眉纹细长，通常未达嘴基，后耳羽斑驳，无冠纹。上体橄榄绿色，下体污白色而微染黄绿色。上嘴黑色，下嘴橙色，嘴尖处的黑斑成为其显著特征。虹膜黑色。跗跖淡褐色。

|分布与习性| 主要栖息于较为潮湿的针叶林和针阔混交林中。喜欢在树冠层活动，常与其他柳莺混群。

|居留状况| 旅鸟。

雀形目

221 双斑绿柳莺

L 10 cm
LC 三

Phylloscopus plumbeitarsus Two-barred Warbler

|识别特征| 体型较小。嘴细长，白色眉纹长。上体深绿色，具两道翼斑，大翼斑白色，小翼斑黄白色，下体白色。上嘴灰褐色，下嘴粉色。虹膜深色。跗跖黑褐色。

|分布与习性| 栖息于针叶林和针阔混交林中。

|居留状况| 旅鸟。

雀形目

222 棕头鸦雀

L 11~13 cm
LC 三

Sinosuthora webbiana Vinous-throated Parrotbill

| 识别特征 | 小型的棕褐色鸦雀。头圆，嘴小而形状有些像鹦鹉嘴。头顶及两翼红棕色，先端沾黄色。额、喉、胸为粉红色微具细的暗棕色纵纹。嘴灰褐色先端沾黄色。虹膜暗褐色。跗跖铅褐色。

| 分布与习性 | 常结群栖息于山地林下的灌丛或丘陵灌丛生境，冬季下降到较低处，在农田周围的灌丛及城市园林中也可见到。

| 居留状况 | 留鸟。

雀形目

223 震旦鸦雀

Paradoxornis heudei Reed Parrotbill

L 17~18 cm
NT Ⅱ

| **识别特征** | 体型中等。额、头顶、颈背及脸颊灰色。黑色眉纹长而宽阔，背黄褐色，通常具黑色纵纹。次级飞羽黑褐色。额、喉灰白色，下体红褐色。尾上覆羽和中央一对尾羽淡红赭色，两侧尾羽黑色具白色端斑。嘴黄色。虹膜红褐色。跗跖粉黄色。

| **分布与习性** | 常结群栖息于芦苇地，在芦苇间跳动。

| **居留状况** | 留鸟。

雀形目

224 红胁绣眼鸟

L 11 cm
LC Ⅱ

Zosterops erythropleurus Chestnut-flanked White-eye

| **识别特征** | 体型较小。纯白色的眼圈衬托在绿色的头上，十分显眼。体羽橄榄绿色，下体灰白色。额、喉黄色。两胁栗红色，这种鸟因此得名。尾下覆羽明黄色。上嘴黑色，下嘴肉色。虹膜深色。跗跖黑褐色。

| **分布与习性** | 栖息于山丘和山脚平原地带的阔叶林及次生林。叫声很有特点，为响亮而悦耳的"叽"声，尾音拖得很长。

| **居留状况** | 旅鸟。

225 暗绿绣眼鸟

🌐 L 9~10 cm
LC 三

Zosterops japonicus Japanese White-eye

| **识别特征** | 白色眼圈。上体绿色，下体白色。颏、喉和尾下覆羽淡黄色。

| **分布与习性** | 栖息于阔叶林和以阔叶树为主的针阔叶混交林、竹林、次生林等地方。夏季以昆虫为主，冬季主要以植物性食物为主。

| **居留状况** | 旅鸟。

雀形目

226 灰椋鸟

🌐 L 20~24 cm
LC 三

Spodiopsar cineraceus White-cheeked Starling

| **识别特征** | 头顶至后颈大都黑色，额和头顶杂有白色，虹膜为褐色。嘴橙红色，尖端黑色。颊和耳覆羽白色杂有黑色纵纹。上体灰褐色，下颏白色，喉、胸、上腹和两胁暗灰褐色。腹中部和尾下覆羽白色，尾上覆羽白色，中央尾羽灰褐色，外侧尾羽黑褐色。跗跖和趾橙黄色。

| **分布与习性** | 栖息于林缘灌丛、农田、路边和居民点附近的丛林中。喜成群，常在潮湿地上觅食，休息时多栖于电线上和树木枯枝上。

| **居留状况** | 夏候鸟、冬候鸟、旅鸟。

雀形目

227 紫翅椋鸟

L 20~24 cm

LC 三

Sturnus vulgaris Common Starling

|识别特征| 通体黑色具紫色和绿色金属光泽。虹膜暗褐色。嘴夏季黄色，冬季黑褐色。背、肩、腰呈金属紫色或绿色。翅上覆羽金属紫色，下体羽毛尖端白色，在下体形成白色斑点，飞羽和尾黑褐色具沙色羽缘。脚红褐色。

|分布与习性| 栖息于开阔地区，如林缘、疏林、农田、水域岸边和居民区附近等。喜欢在地上行走。常与灰椋鸟混群活动。

|居留状况| 冬候鸟、旅鸟。

雀形目

228 白眉鸫

🌐 L 2 cm
LC

Turdus obscurus Eyebrowed Thrush

| 识别特征 | 上喙褐色，下喙黄色。雄鸟头、颈灰褐色，白色眉纹长，眼下具白斑，上体橄榄褐色，胸和两胁橙黄色，腹和尾下覆羽白色。雌鸟头和上体橄榄褐色，喉白色而具褐色条纹。跗跖暗黄褐色。

| 分布与习性 | 栖息于针阔叶混交林、针叶林和杨桦林中，迁徙时见于杂木林、人工松树林、林缘疏林草坡、果园和农田地带。主要以昆虫幼虫为食。

| 居留状况 | 旅鸟。

229 赤胸鸫

L 22~24 cm
LC

Turdus chrysolaus Brown-headed Thrush

| 识别特征 | 虹膜褐色，上嘴褐色，下嘴黄色，具黄色眼圈。整个头、颈和喉为橄榄褐色或灰褐色，上体大都橄榄褐色。胸和两胁为橙红色，腹以下几乎白色，脚为橙黄色。

| 分布与习性 | 栖息于山地森林中，喜欢水域附近茂密的林地。常单独或成对活动。迁徙季成群。多在地上觅食。

| 居留状况 | 旅鸟。

雀形目

| **识别特征** | 雄鸟上体灰褐色，眉纹、颈侧、喉及胸红褐色，腹至臀白色。雌鸟似雄鸟，喉部具黑色纵纹。胸部红褐色部分较浅。

| **分布与习性** | 栖息于草地、疏林、平原灌丛中。以昆虫、草籽和浆果为食。

| **居留状况** | 冬候鸟、旅鸟。

雀形目

231 红尾斑鸫

Turdus naumanni Naumann's Thrush

L 20~24 cm
LC 三

|识别特征| 体色较淡，上体大都灰褐色，眉纹淡棕红色，虹膜为褐色。上嘴偏黑色，下嘴为黄色。额、喉、胸和两胁栗色，喉侧具黑色斑点。腰和尾上覆羽偶具栗斑，翅为黑色，外侧羽缘棕红色，尾基部和外侧尾棕红色。脚近褐色。

|分布与习性| 主要栖息于各种类型森林和林缘灌丛地带，也活动于农田、村镇附近疏林灌丛草地和路边树上。性大胆，较活跃，活动时常伴随着尖细的叫声，一般在地上活动和觅食。

|居留状况| 冬候鸟、旅鸟。

雀形目

232 斑鸫

Turdus eunomus Dusky Thrush

L 20~24 cm
LC

| 识别特征 | 与红尾斑鸫相比体色较暗，上体从头至尾暗橄榄褐色略有黑色。眉纹白色，虹膜为褐色。上嘴偏黑色，下嘴为黄色。下体近白色，喉、颈侧、两胁和胸带有黑色斑点，有的在胸部形成横带。两翅和尾为黑褐色。脚近褐色。

| 分布与习性 | 主要栖息于各种类型森林和林缘灌丛地带，也活动于农田、村镇附近疏林灌丛草地和路边树上。性大胆，较活跃，活动时常伴随着尖细的叫声，一般在地上活动和觅食。

| 居留状况 | 旅鸟。

雀形目

233 蓝歌鸲

L 12~14 cm

LC 三

Larvivora cyane Siberian Blue Robin

♂

| 识别特征 | 雄鸟上体暗蓝色，虹膜暗褐色，嘴黑色，下体白色，两翅和尾暗褐色，脚和趾肉色。雌鸟上体橄榄褐色，腰和尾上覆羽暗蓝色，具明显的棕黄色翅斑，胸部褐色略带皮黄色，下体为白色。

| 分布与习性 | 主要栖息于林地及其林缘地带。常单独或成对活动。一般多在地上活动，奔走时尾不停地上下扭动。善于隐藏，常听其声，不见其鸟，叫声清脆响亮、婉转动听。

| 居留状况 | 旅鸟。

雀形目

234 红喉歌鸲

L 14~17 cm
LC II

Calliope calliope Siberian Rubythroat

| 识别特征 | 雄鸟上体橄榄褐色，虹膜褐色或暗褐色，嘴为褐色或暗褐色，具白色眉纹和颊纹，额、喉红色，外面围有一圈黑色极为醒目。胸为灰色，腹多白色。雌鸟额、喉白色。脚粉褐色。

| 分布与习性 | 主要栖息于树丛和近水芦苇丛间，是典型的地栖鸟类。觅食多在地上。多单独或成对活动，迁徙期集成群。性机警而胆怯，叫声悠扬婉转，悦耳动听。

| 居留状况 | 旅鸟。

♂

雀形目

235 蓝喉歌鸲

Luscinia svecica Bluethroat

L 14~16 cm
LC II

|识别特征| 上体大都橄榄褐色或土褐色，虹膜为暗褐色，嘴为黑色，具白色眉纹。雄鸟额、喉蓝色（非繁殖期转白色），喉下缘紧挨蓝色之后有一由黑、白、栗三色组成的三色胸带，极为醒目。腰淡棕色，外侧尾羽基部棕红色，其余下体污白色。雌鸟喉全白色，胸仅一条黑色纵斑形成的胸带。脚暗褐色或肉褐色。

|分布与习性| 主要栖息于山地森林、灌丛和林缘疏林地带。喜欢在水域附近潮湿而阴暗的疏林灌丛活动和觅食。常单独或成对活动，迁徙期集成小群。性胆小而羞怯，行动隐秘。叫声响亮悦耳多变，能模仿其他鸟叫。

|居留状况| 旅鸟。

雀形目

236 红胁蓝尾鸲

L 13~15 cm
LC 三

Tarsiger cyanurus Orange-flanked Bluetail

| 识别特征 | 雄鸟上体灰蓝色，虹膜褐色或暗褐色，嘴黑色，有白色眉纹且较短；胸侧灰蓝色，两胁橙棕色，下体白色。雌鸟上体橄榄褐色，胸侧和两胁橙红色，胸略带褐色；下体颏、喉、腹白色，尾上覆羽和尾微蓝色。脚黑色。

♂

| 分布与习性 | 主要栖息于林缘稀疏灌丛地带。常单独或成对活动。性甚隐匿，停歇时常上下摆尾。

| 居留状况 | 旅鸟。

♀

雀形目

237 北红尾鸲

Phoenicurus auroreus Daurian Redstart

L 13~15 cm
LC 三

│识别特征│ 雄鸟头顶至直背灰色，虹膜暗褐色，嘴黑色；下背和两翅黑色，具明显的白色翅斑，特点明显。雌鸟上体橄榄褐色，眼圈微具白色，两翅黑褐色具白斑；下体暗黄褐色，腰、尾上覆羽和尾橙棕色。脚黑色。

│分布与习性│ 主要活动于林缘和居民点附近的灌丛与低矮树丛中，也在路边林缘地带活动。常单独或成对活动。行动敏捷，频繁地捕食虫子。性胆怯，藏匿于丛林，停歇时常不断地上下摆动尾和点头。声音单调、尖细而清脆。

│居留状况│ 夏候鸟、冬候鸟、旅鸟。

雀形目

238 黑喉石鵖

Saxicola maurus Siberian Stonechat

L 12~15 cm
LC 三

|识别特征| 雄鸟上体大都黑褐色，虹膜褐色或暗褐色，嘴黑色，头顶、头侧、背、肩和上腰为黑色，颈侧和肩侧具白斑，颏、喉黑色，胸略锈红色。下腰和尾上覆羽为白色，腹棕白色，脚黑色。雌鸟上体灰褐色，喉为白色，其余特征和雄鸟相似。

|分布与习性| 主要栖息于草地、田间、湿地附近灌丛草地。常单独或成对活动。站在灌木枝头、小树顶枝上、电线上和农作物梢端。叫声尖细、响亮。

|居留状况| 旅鸟。

雀形目

239 白喉矶鸫

L 16~18 cm
LC

Monticola gularis White-throated Rock Thrush

| 识别特征 | 雄鸟头顶和翅上覆羽钻蓝色，虹膜暗褐色，嘴黑褐色，背、两翅和尾黑色具白色翅斑，腰和下体均为栗色，喉白色，脚肉褐色。雌鸟上体橄榄褐色，头顶、两翅和尾灰褐色，喉白色，其余下体棕白色具黑色斑。

| 分布与习性 | 主要栖息于低山森林，喜欢在靠近河流附近的次生林中活动。单独或成对活动。性机警，善隐蔽，叫声清脆婉转、动听。

| 居留状况 | 旅鸟。

雀形目

240 灰纹鹟

L 13~14 cm
LC 三

Muscicapa griseisticta Grey-streaked Flycatcher

识别特征 体型较小。眼圈白色，上体褐色，翼较长，翼尖超过尾部2/3。下体污白色，胸及两胁具深灰色纵纹，条纹比乌鹟粗重。与其相似的北灰鹟下体无条纹。幼鸟通常在头、胸、背部有许多淡色斑点。嘴黑色。虹膜褐色。跗跖黑色。

分布与习性 栖息于针阔叶混交林、针叶林、次生林等林缘及公园绿地。胆小。

居留状况 旅鸟。

241 乌鹟

L 13 cm
LC 三

Muscicapa sibirica Dark-sided Flycatcher

识别特征 体型较小。白色眼圈，喉白色具白色半颈环。上体乌褐色，下体污白色，胸及两胁具深灰色纵纹，翼黑褐色，翼尖比灰纹鹟短，抵尾部1/3~2/3，尾黑褐色。亚成体脸及背部具白色点斑。嘴黑色。虹膜深褐色。跗跖黑色。

分布与习性 栖息于林区，具有典型鹟类习性。站立枝头，飞起捕食昆虫后再回原处。

居留状况 旅鸟。

242 北灰鹟

Muscicapa dauurica Asian Brown Flycatcher

|识别特征| 体型较小。眼周和眼先白色，无颈环。上体褐色，下体白色，胸和两胁浅灰色。翼暗褐色，翼尖约抵尾部1/2，大覆羽具灰色羽缘。尾暗褐色。嘴黑色，下嘴基黄色。虹膜褐色。跗跖黑色。
|分布与习性| 栖息于落叶阔叶林、针阔叶混交林和针叶林，具典型鹟类习性。
|居留状况| 旅鸟。

雀形目

243 白眉姬鹟

Ficedula zanthopygia Yellow-rumped Flycatcher

L 13 cm
LC 三

| 识别特征 | 体型较小。嘴黑色，眼褐色。翼斑白色，腰黄色，尾下覆羽白色。跗跖黑色。雄鸟为黄、白、黑三色，眉纹白色短粗，上体大部、翼和尾均为黑色，下体亮黄色。雌鸟上体橄榄绿色，翼和尾暗绿色，下体淡黄色。

| 分布与习性 | 栖息于阔叶林、针阔叶混交林、灌丛及近水林地。
| 居留状况 | 旅鸟。

244 红喉姬鹟

L 13 cm
LC 三

Ficedula albicilla Taiga Flycatcher

♂

| 识别特征 | 体型较小。上体褐色，嘴、跗跖黑色，眼暗褐色。雄鸟颏、喉部橙红色，尾上覆羽和中央尾羽黑褐色，外侧尾羽褐色，基部白色。雌鸟颏、喉白色，胸沾棕色。非繁殖期雄鸟与雌鸟相似，喉部变为灰白色。

| 分布与习性 | 栖息于林缘或开阔地的矮树上、城市园林中。鸣叫时常伴随着向上翘尾的动作。

| 居留状况 | 旅鸟。

雀形目

245 白腹蓝鹟

L 17 cm
LC

Cyanoptila cyanomelana Blue-and-white Flycatcher

|识别特征| 体型较大。雄
鸟头侧、额、喉、上胸黑
色，上体辉蓝色，腹部和
尾下白色，外侧尾羽基部
为白色。雌鸟上体褐色，
下体白色，胸部略褐色。
嘴、眼、跗跖均为黑色。

|分布与习性| 活动于阔
叶林及林缘地带，高层
取食。

|居留状况| 旅鸟。

♀

♂

雀形目

246 铜蓝鹟

L 15 cm
LC

Eumyias thalassinus Verditer Flycatcher

| 识别特征 | 雄鸟体羽为鲜艳的铜蓝色，眼先黑色。雌鸟眼先暗灰色，下体灰蓝色，颏近灰白色。

| 分布与习性 | 栖息于常绿阔叶林、针阔叶混交林、针叶林等山地森林和林缘地带，以及人工林、疏林灌丛、果园、农田地边。主要以昆虫为食，也吃部分植物果实和种子。

| 居留状况 | 迷鸟。

雀形目

247 麻雀

L 14 cm
LC 三

Passer montanus Eurasian Tree Sparrow

| 识别特征 | 体型短小而稍胖。雌雄相似。头顶、枕部棕色，颈背有白色领环，脸颊白色，耳部有一黑斑，背沙褐色具黑色纵纹。下体污白色，颏、喉黑色。幼鸟喉部为灰色，嘴黑色，虹膜黑褐色。跗跖浅褐色。

| 分布与习性 | 栖息于有人类居住的村庄、城镇。常集群到农田中取食。

| 居留状况 | 留鸟。

248 山鹡鸰

🌐 L 15~17 cm
LC 三

Dendronanthus indicus Forest Wagtail

| 识别特征 | 上体橄榄绿褐色，眉纹淡黄白色，虹膜暗褐色，上嘴黑褐色，下嘴黄白色；胸白色具黑褐色横带，腰部较淡，飞羽黑褐色，翅上有两道显著的白色横斑，尾上覆羽为黑褐色，最外侧一对尾羽白色。下体白色，胸有两道黑色横带。跗跖肉色。

| 分布与习性 | 主要栖息于低山丘陵地带的山地林缘、河边及林间空地。喜在树枝上来回行走，尾不停地左右来回摆动，身体随着微微摆动，飞行呈波浪式。

| 居留状况 | 旅鸟。

雀形目

249 黄鹡鸰

L 15~18 cm
LC 三

Motacilla tschutschensis Eastern Yellow Wagtail

|识别特征| 在我国有较多亚种，羽色有不同程度的差异，但上体多为橄榄绿色，有的灰色。虹膜褐色，嘴黑色，眉纹黄白色或无，飞羽黑褐色具两道黄白色横斑。腰部较黄，尾黑褐色，最外侧两对尾羽大都白色。下体黄色。跗跖黑色。与其相似的灰鹡鸰上体为灰色，黄头鹡鸰头全为黄色。

|分布与习性| 主要栖息于林缘、溪流、湖畔和居民点附近。迁徙期集群。停栖在河边或河心石头上，尾不停地上下摆动。飞行呈波浪式，常常边飞边鸣叫。

|居留状况| 旅鸟。

雀形目

250 黄头鹡鸰

L 15~19 cm
LC 三

Motacilla citreola Citrine Wagtail

| **识别特征** | 头鲜黄色，虹膜深褐色，嘴黑色，背黑色或灰色，上体黑色或深灰色。飞羽褐色具白斑。腰暗灰色，尾羽黑褐色，两对外侧尾羽白色，下体鲜黄色。跗跖黑色。相似种黄鹡鸰头不为黄色。

| **分布与习性** | 栖息于农田、湿地等各类生境中。成对或小群活动，迁徙期集群。飞行呈波浪式，站立时尾不停地上下摆动。

| **居留状况** | 旅鸟。

♂

雀形目

251 灰鹡鸰

○ L 16~19 cm
LC 三

Motacilla cinerea Grey Wagtail

| **识别特征** | 体型和黄鹡鸰相似。上体暗灰褐色，眉纹白色，虹膜褐色，嘴黑褐色。飞羽黑褐色具白色翅斑。腰和尾上覆羽黄绿色，中央尾羽黑褐色，外侧一对尾羽白色，下体黄色。跗跖和趾暗褐色。与黄鹡鸰的区别在于背为灰色，飞行时露出白色翼斑和黄色的腰。

| **分布与习性** | 主要栖息于湖泊、水塘、沼泽等水域附近的草地、农田和居民区，尤其喜欢在水域岸边和道路上活动。飞行呈波浪式前进并鸣叫，停歇时尾不停地上下摆动。迁徙期集群。

| **居留状况** | 旅鸟。

雀形目

252 白鹡鸰

Motacilla alba White Wagtail

L 16~20 cm
LC 三

|识别特征| 额和脸颊白色，头顶后部和颈后黑色，虹膜黑褐色，嘴黑色。肩背深灰近黑色，两翅黑色具白色翅斑。尾长而窄，尾羽黑色，两对外侧尾羽白色。喉胸多黑色，其余下体白色。跗跖黑色。

|分布与习性| 主要栖息于水域岸边、农田沼泽及水域附近的居民区，多栖于地上或岩石上。成对或小群活动，迁徙期集群。飞行呈波浪式，站立时尾不停地上下摆动。

|居留状况| 夏候鸟、旅鸟。

253 田鹨

Anthus richardi Richard's Pipit

L 15~19 cm
LC 三

| 识别特征 | 上体主要为黄褐色或棕黄色，头顶和背具褐色纵纹，眉纹皮黄白色，虹膜褐色，嘴角褐色，上嘴基部淡黄色。喉两侧及胸具褐色纵纹。翼上覆羽黑褐色，胸和两胁皮黄色，下体皮黄白色，尾为黑褐色，最外侧一对尾羽为白色。脚和后爪甚长，为褐色。

| 分布与习性 | 栖息于开阔草地、林间空地以及农田和沼泽等生境。单独或成对活动，迁徙期集成群。飞行呈波浪式，贴地面飞行；站立时多垂直姿势，行走迅速，尾不停地上下摆动。

| 居留状况 | 旅鸟。

雀形目

254 树鹨

Anthus hodgsoni Olive-backed Pipit

L 15~16 cm
LC 三

|识别特征| 上体橄榄绿色，头顶具褐色纵纹且明显，虹膜红褐色，上嘴黑色，下嘴肉黄色，背部纵纹逐渐不明显，眉纹棕黄色或乳白色，具黑褐色贯眼纹，耳后有一明显白斑。胸具黑褐色纵纹，喉棕白色且侧有黑褐色纹。两翅黑褐色具橄榄黄绿色羽缘，覆羽具棕白色端斑。下体灰白色，尾羽黑褐色，最外侧一对尾羽具白斑，次外侧一对尾羽尖端为白色。跗跖和趾肉色或肉褐色。

|分布与习性| 栖息于山地森林中，常活动在林缘、路边、林间空地、草地等各类生境。也出现在居民点。常成对或小群活动，迁徙期集成大群。多在地上奔跑觅食。性机警，停歇站立时尾常上下摆动。

|居留状况| 冬候鸟、旅鸟。

255 北鹨

Anthus gustavi Pechora Pipit

L 14~16 cm

LCC 三

| **识别特征** | 上体棕褐色具黑褐色纵纹，眉纹皮黄白色或不明显，虹膜红褐色，嘴多暗褐色，背至尾上覆羽具黑褐色纵纹，背部具白色羽缘，在背上形成似"V"字形斑。下体灰白色，尾羽暗褐色具棕黄色羽缘，最外侧一对尾羽皮黄白色，次外侧一对尾羽具皮黄色斑。脚肉红色。

| **分布与习性** | 多栖息于湿地、林缘、灌丛等较为开阔的地方。单独或成对活动。多在地上觅食。性胆怯，一遇到干扰就立刻飞走或躲藏在植物丛中。叫声尖锐。

| **居留状况** | 旅鸟。

雀形目

256 粉红胸鹨

Anthus roseatus Rosy Pipit

L 14~17 cm
LC 三

|识别特征| 上体多橄榄灰色或灰褐色，头顶至背部具黑褐色纵纹，且头部纵纹较细，背部纵纹较宽。眉纹白色略显粉红色，虹膜暗褐色，嘴黑褐色，两翅暗褐色或黑褐色，喉、胸为淡红色，两胁具黑褐色的纵纹。下体自颏至胸为淡灰色略具粉红色或淡灰红色，其余下体皮黄白色。腰和尾上覆羽暗褐色，最外侧一对尾羽具楔状白斑。脚褐色或肉色。

|分布与习性| 主要栖息于开阔沼泽、灌丛、林缘、农田等生境。性活泼。单独或成对活动，迁徙期集成小群。主要在地上活动和觅食。

|居留状况| 旅鸟。

雀形目

257 红喉鹨

Anthus cervinus Red-throated Pipit

L 14~16 cm
LC 三

| 识别特征 | 上体橄榄灰褐色或暗褐色，具黑褐色纵纹，虹膜暗褐色，嘴黑色，喉、上胸和眉纹多棕红色。下体多黄褐色，下胸和两胁具黑褐色纵纹。腰具纵纹。飞羽黑褐色，尾暗褐色，羽缘淡灰褐色，最外侧一对尾羽具白斑。脚淡褐色或黑褐色。

| 分布与习性 | 主要栖息于开阔沼泽、灌丛、林缘、农田等生境。单独或成对活动，迁徙期集成小群。主要在地上活动和觅食。

| 居留状况 | 旅鸟。

雀形目

258 黄腹鹨

L 15~18 cm
LC

Anthus rubescens Buff-bellied Pipit

| **识别特征** | 体型较小。身体褐色较浓但纵纹较少。虹膜褐色，上嘴角质色，下嘴略粉色。上体褐色浓重，胸及两胁纵纹浓密明显，颈侧具块斑近黑色。初级飞羽及次级飞羽具白色羽缘。脚暗黄色。

| **分布与习性** | 喜沿水域附近的湿润多草地区及稻田活动。单独或成对活动，迁徙期集小群。多在地上活动，奔跑迅速，飞行呈波浪式。

| **居留状况** | 旅鸟、冬候鸟。

259 水鹨

Anthus spinoletta Water Pipit

L 15~18 cm
LC 三

| 识别特征 | 上体灰褐色或橄榄褐色，具暗褐色纵纹或不明显，眉纹棕白色，虹膜褐色或暗褐色，嘴暗褐色；飞羽暗褐色，具乳白色狭缘，形成两条白色横带；喉、胸部微葡萄红色，胸和两胁具细纵纹或不明显。下体棕白色或浅棕色，尾黑褐色，外侧尾羽具大型白斑。脚肉色或暗褐色。

| 分布与习性 | 主要栖息在水域及附近的村落、农田、草地。单独或成对活动，迁徙期集小群。多在地上活动，奔跑迅速，飞行呈波浪式。

| 居留状况 | 旅鸟、冬候鸟。

雀形目

260 燕雀

Fringilla montifringilla Brambling

L 16 cm
LC 三

♂

|识别特征| 体型较麻雀略大。肩部有醒目的白色斑纹，腰白色。雄鸟的头、颈和背黑色，与棕红色胸羽对比鲜明。雌鸟头及上背显得斑驳褐色。嘴基黄色，尖端黑色。虹膜褐色或暗褐色。跗跖暗褐色。

|分布与习性| 栖息于各类森林，迁徙期和越冬期栖息于疏林、次生林、农田和城市园林中。成对或小群活动。

|居留状况| 冬候鸟、旅鸟。

♀

261 普通朱雀

L 15 cm
LC 三

Carpodacus erythrinus Common Rosefinch

♂

| 识别特征 | 体型中等。雄鸟头、胸、腰和翼斑鲜红色，无眉纹，翼和尾深褐色，羽缘沾红色，下腹和尾下覆羽近白色。雌鸟橄榄褐色，无粉色，上体灰褐色具暗色纵纹，下体皮黄白色具黑褐色纵纹。幼鸟与雌鸟相似，但下体纵纹较多。嘴角褐色，下嘴较淡。虹膜暗褐色。跗跖褐色。

| 分布与习性 | 迁徙季节见于平原灌丛、农田、果园、城市园林等生境。单独、成对或集小群活动觅食。

| 居留状况 | 冬候鸟、旅鸟。

雀形目

262 金翅雀

Chloris sinica Grey-capped Greenfinch

L 14 cm
LC 三

♂

| 识别特征 | 体型中等。因黑色翅膀具有宽阔醒目的金黄色翅斑而得名。雄鸟头部、颈部、枕部灰色。背部褐色。雌鸟色暗，幼鸟色淡且多纵纹。嘴黄褐色或肉黄色。虹膜栗褐色。跗跖棕黄色。

| 分布与习性 | 栖息于山区林地、旷野、灌丛、城市园林中。直线飞行，速度快。

| 居留状况 | 留鸟。

雀形目

263 铁爪鹀

L 16 cm
LC 三

Calcarius lapponicus Lapland Longspur

| 识别特征 | 体型中等。雄鸟头、脸、喉、胸黑色，白色眼后纹后延到颈侧。后颈有栗红色领环，背棕色，具宽的黑色纵纹，下体白色。雌鸟颈背和覆羽边缘棕色，侧冠纹近黑色，眉线色浅。嘴黑色，尖端褐色。虹膜褐色。跗跖褐色。

♂

| 分布与习性 | 栖息于开阔的平原草地、沼泽、农耕地和旷野等开阔地带，地面觅食。

| 居留状况 | 旅鸟、冬候鸟。

♀

雀形目

264 白头鹀

○ L 17 cm
LC 三

Emberiza leucocephalos Pine Bunting

♂

|识别特征| 体型较大。雄鸟前额和头顶两侧黑色，有白色顶冠纹，耳羽白色，眉纹、颊部和喉部以及头侧均为栗色。枕部灰色，项背棕色具黑色条纹，尾羽深棕色。下体棕色。冬季雄鸟较暗淡。雌鸟通常为灰棕色，髭下纹较白。嘴角褐色，下嘴较淡。虹膜暗褐色。跗跖粉褐色。

|分布与习性| 栖息于开阔的混交林、林缘以及具有乔木的农耕地。

|居留状况| 旅鸟。

雀形目

265 三道眉草鹀

Emberiza cioides Meadow Bunting

L 16 cm
LC 三

| **识别特征** | 体型较大的鹀类。雄鸟羽冠深栗色，其侧缘偏黑，眉纹、颊部及喉部白色，领部、眼先、耳羽和髭纹黑色，上体偏暗的皮黄色，背部具黑色条纹，尾羽黑色和皮黄色，且边缘带白色。下体上胸部栗红色，腹部由淡皮黄色渐变为灰白色。雌鸟色较淡，眉线及下颊纹皮黄色，胸浓皮黄色。嘴灰黑色，下嘴较浅。虹膜栗褐色。跗跖肉色。

| **分布与习性** | 栖息于山区多岩石的灌丛生境及林缘地区，冬季下至平原地区活动。

| **居留状况** | 旅鸟。

♂

雀形目

266 栗耳鹀

L 16 cm
LC 三

Emberiza fucata Chestnut-eared Bunting

| 识别特征 | 体型较大的鹀类。雄鸟头顶至后颈灰色，颊和耳羽为明显栗色，形成一个斑块，具有对比较强的黑色髭纹和白色的颊部、颏部、喉部，黑色的颈纹，项背棕灰色且带有黑色条纹。下体颏部和喉部白色，具白色和栗色的胸纹。雌鸟具有栗色耳羽，胸部及其两侧延伸成深色条纹。上嘴黑色，下嘴蓝灰色且基部粉红色。虹膜深褐色。跗跖粉红色。

| 分布与习性 | 常栖息于有灌木的开阔草地生境，包括草甸和湿地的边缘，冬季在开阔的农耕地活动。

| 居留状况 | 旅鸟、冬候鸟。

雀形目

267 小鹀

Emberiza pusilla Little Bunting

L 13 cm
LC 三

| 识别特征 | 体型较小的鹀类。周身褐色具深色纵纹，头顶中央栗色，两侧具黑色侧冠纹，具有浅色眉纹和栗红色的脸颊，两翅和尾黑褐色。上嘴黑色，下嘴灰褐色。虹膜褐色。跗跖褐色。

| 分布与习性 | 栖息于荒地灌丛、林缘、农田。常集小群活动。

| 居留状况 | 旅鸟、冬候鸟。

雀形目

268 黄眉鹀

L 15 cm
LC 三

Emberiza chrysophrys Yellow-browed Bunting

| 识别特征 | 体型中等的鹀类。头顶和头侧黑色，有白色中央冠纹，眉纹前淡黄色后白色。背棕褐色，翼斑白色，尾黑褐色。下体纵纹多。嘴粉褐色，上嘴峰及嘴先黑褐色。虹膜暗褐色。跗跖肉褐色。

| 分布与习性 | 活动于林缘及灌丛、开阔田野。

| 居留状况 | 旅鸟。

269 田鹀

Emberiza rustica Rustic Bunting

| 识别特征 | 体型较小。雄鸟头部及羽冠黑色，眉纹、颊纹白色，上体栗红色，背羽具黑褐色纵纹，两翅和尾黑褐色。下体白色，胸具宽的栗色带，两胁栗色。雌鸟与非繁殖期雄鸟相似，头顶变为沙褐色，脸颊后方通常具一近白色点斑。上嘴褐色，下嘴肉色。虹膜暗褐色。跗跖肉色。

| 分布与习性 | 栖息于低山、丘陵和山脚平原等开阔地带的灌丛和草丛中。常竖起头上冠羽。

| 居留状况 | 旅鸟、冬候鸟。

雀形目

270 黄喉鹀

Emberiza elegans Yellow-throated Bunting

L 16 cm
LC 三

 ♂

|识别特征| 较大型的鹀类。雄鸟具黑色的冠羽、贯眼纹和胸带，与黄色的眉纹和喉部对比鲜明，特征明显，易于辨认。雌鸟与雄鸟大致相同，只是相对应雄鸟头部黑色区域为褐色，且没有明显胸带。嘴黑褐色。虹膜褐色或暗褐色。跗跖肉色。

 ♀

|分布与习性| 栖息于低山的落叶林及针阔混交林中，冬季在林地、农田及灌丛生境中都有分布。常集小群在地面取食植物种子。

|居留状况| 旅鸟、冬候鸟。

271 黄胸鹀

Emberiza aureola Yellow-breasted Bunting

|识别特征| 体型中等。雄鸟羽色艳丽。雌雄下体都为鲜黄色，两胁具深色纵纹。雄鸟肩部具特征性的大块白色斑，雌鸟为一道较窄的翅斑。雄鸟顶冠和颈后栗色，脸和喉多黑色；雌鸟上体棕褐色，具粗的黑褐色中央纵纹，腰和尾上覆羽栗红色，眉纹皮黄白色，下体淡黄色，胸无横带。上嘴灰色，下嘴粉褐色。虹膜深色。跗跖淡褐色。

|分布与习性| 多集群活动于稻田、芦苇地及近水的灌丛。主要取食植物种子。曾可见迁徙时集成数百只甚至上千只的大群。近些年数量下降显著，属于全球极危物种。

|居留状况| 旅鸟。

雀形目

272 栗鹀

Emberiza rutila Chestnut Bunting

L 14 cm
LC 三

| 识别特征 | 体型较小的鹀。雄鸟头、上体及胸栗色，腹部黄色，两翅和尾黑褐色。非繁殖期雄鸟色较暗，头及胸黄色。雌鸟顶冠、上背、胸及两胁纵纹深色。腰棕色，且无白色翼斑，尾部边缘白色。嘴褐色。虹膜暗褐色。跗跖淡粉色。

| 分布与习性 | 活动于低矮灌丛的林地，迁徙期间多见于低山和山脚地带。

| 居留状况 | 旅鸟。

♂

雀形目

273 灰头鹀

Emberiza spodocephala Black-faced Bunting

| 识别特征 | 体型中等。无论雌雄，下体都呈微微偏青的淡黄色。雄鸟头部灰绿色，雌鸟头和背部颜色基本一致，多为灰褐色。雄鸟在两胁具纵纹，雌鸟则纵纹较多。嘴棕褐色，下嘴色浅端深。虹膜褐色。跗跖淡肉色。

| 分布与习性 | 栖息于低山的林缘、灌丛、农田及苇塘生境。在地面取食。

| 居留状况 | 冬候鸟、旅鸟。

♂

雀形目

274 苇鹀

L 14 cm
LC 三

Emberiza pallasi Pallas's Bunting

| 识别特征 | 体型较小、苗条。头、喉直到上胸中央均为黑色，其余下体乳白色，白色的下髭纹与黑色的头和喉形成对比，具宽的白色颈环，上体具灰色及黑色的横斑。雌鸟与非繁殖期的雄鸟相似，整体浅灰褐色，翅上的小覆羽仍为蓝灰色。上嘴黑褐色，下嘴带黄色。虹膜褐色。跗跖肉色。

| 分布与习性 | 栖息于山地丘陵、稀疏林地、灌丛等生境，迁徙时常集大群栖息于农田、苇塘。

| 居留状况 | 旅鸟、冬候鸟。

♂

雀形目

275 红颈苇鹀

L 15 cm
NT 三

Emberiza yessoensis Ochre-rumped Bunting

♂

|识别特征| 体型中等的鹀类。雄鸟头黑色，并延伸到枕部、颈侧、下体、双翼、胸侧和腹侧均为暖皮黄色，项背具黑白纵纹，小覆羽呈蓝灰色，三级飞羽为黑色。冬季雄鸟头部仍残留黑色，眉纹棕橘色。雌鸟和冬季雄鸟类似，具有皮黄色颊部以及与灰白色的喉部形成对比的细长喉侧纹。雄鸟嘴黑褐色，雌鸟的上嘴角褐色，下嘴肉黄色。虹膜褐色。跗跖赤褐色。

|分布与习性| 栖息于灌丛、芦苇地的湿地边缘以及有高草的草甸，冬季也出现在附近有水域特别是海岸湿地的开阔农耕地。

|居留状况| 旅鸟、冬候鸟。

雀形目

276 芦鹀

Emberiza schoeniclus Reed Bunting

| 识别特征 | 体型中等。头、喉和上胸中央黑色，具显著的白色下髭纹，后颈有宽的白色翎环，上体的项背、背部以及肩部为浅皮黄色且有深色纵纹，小覆羽红褐色。下体为白色。冬季雄鸟较暗，没有黑色的头部，但有较淡的冠纹，浅棕灰色眉纹。雌鸟与非繁殖期雄鸟相似，头顶及耳羽具杂斑，眉线皮黄色。嘴黑色。虹膜栗褐色。跗跖深褐色至粉褐色。

| 分布与习性 | 常栖息于湿地边缘、芦苇地、灌丛以及各种草甸、干燥农耕地。集小群活动。

| 居留状况 | 旅鸟、冬候鸟。

索引

中文名索引

CHINESE INDEX

A

鹌鹑 012

暗绿绣眼鸟 236

B

白翅浮鸥 144

白额鹱 145

白额雁 018

白额燕鸥 141

白腹蓝鹟 256

白腹鹞 173

白骨顶 074

白鹤 075

白喉矶鸫 250

白鹡鸰 263

白肩雕 170

白鹭 163

白眉鸫 239

白眉姬鹟 254

白眉鸭 037

白琵鹭 150

白头鸭 226

白头鹤 080

白头鹎 275

白头硬尾鸭 052

白尾海雕 177

白尾鹞 174

白胸苦恶鸟 071

白眼潜鸭 042

白腰杓鹬 103

白腰草鹬 109

白腰雨燕 064

白枕鹤 076

斑背潜鸭 044

斑鸫 243

斑脸海番鸭 045

斑头秋沙鸭 048

斑头雁 020

斑尾塍鹬 101

斑胁田鸡 070

斑嘴鸭 033

半蹼鹬 098

北红尾鸲 248

北灰鹟 253

北鹨 266

C

彩鹬 149

苍鹭 159

草鹭 160

长耳鸮 183

长尾鸭 046

长趾滨鹬 120

长嘴半蹼鹬 099

长嘴剑鸻 088

池鹭 157

赤膀鸭 029

赤颈鸫 241

赤颈鸭 031

赤麻鸭 026

赤胸鸫 240

赤嘴潜鸭 039

D

达乌里寒鸦 205

大白鹭 161

大斑啄木鸟 190

大鸨 067

大杓鹬 104

大滨鹬 114

大杜鹃 066

大红鹳 057

大鵟 179

大麻鸦 152

大沙锥 096

大山雀 211

大天鹅 024

大嘴乌鸦 208

戴胜 185

丹顶鹤 078

东方白鹳 147

东方大苇莺 218

东方鸻 093

董鸡 072
豆雁 015
短耳鸮 184
短趾百灵 214
短嘴豆雁 016
短嘴金丝燕 062

E

鹗 166

F

翻石鹬 113
反嘴鹬 083
粉红胸鹨 267
凤头䴙䴘 054
凤头蜂鹰 168
凤头麦鸡 084
凤头潜鸭 043

H

褐柳莺 227
鹤鹬 105
黑翅鸢 167
黑翅长脚鹬 082
黑腹滨鹬 125
黑鹳 146
黑喉石䳭 249
黑颈䴙䴘 056
黑卷尾 199
黑脸琵鹭 151
黑眉苇莺 219
黑水鸡 073
黑尾塍鹬 100
黑尾鸥 135

黑鸢 176
黑枕黄鹂 198
黑嘴鸥 131
红腹滨鹬 115
红喉歌鸲 245
红喉姬鹟 255
红喉鹨 268
红角鸮 181
红脚隼 193
红脚鹬 106
红颈瓣蹼鹬 126
红颈滨鹬 117
红颈苇鹀 286
红隼 192
红头潜鸭 040
红尾斑鸫 242
红尾伯劳 200
红胁蓝尾鸲 247
红胁绣眼鸟 235
红胸秋沙鸭 050
红嘴巨燕鸥 140
红嘴鸥 130
鸿雁 014
厚嘴苇莺 220
花脸鸭 038
环颈鸻 090
环颈雉 013
黄斑苇鳽 153
黄腹鹨 269
黄腹山雀 210
黄喉鹀 281
黄鹡鸰 260
黄脚三趾鹑 127
黄眉柳莺 230

黄眉鹀 279
黄头鹡鸰 261
黄胸鹀 282
黄腰柳莺 229
黄嘴白鹭 164
灰斑鸠 059
灰背隼 194
灰翅浮鸥 143
灰鹤 079
灰鸻 087
灰鹡鸰 262
灰椋鸟 237
灰头绿啄木鸟 191
灰头麦鸡 085
灰头鹀 284
灰纹鹟 251
灰喜鹊 203
灰雁 017

J

矶鹬 112
极北柳莺 231
家燕 224
尖尾滨鹬 121
角䴙䴘 055
金翅雀 273
金雕 171
金鸻 086
金眶鸻 089
金腰燕 225
巨嘴柳莺 228
卷羽鹈鹕 165

K

阔嘴鹬 122

L

蓝翡翠 186
蓝歌鸲 244
蓝喉歌鸲 246
栗耳鹀 277
栗苇鳽 155
栗鹀 283
蛎鹬 081
猎隼 196
林鹬 110
流苏鹬 123
芦鹀 287
罗纹鸭 030
绿翅鸭 035
绿头鸭 032

M

麻雀 258
毛脚鵟 178
矛斑蝗莺 221
煤山雀 209
蒙古百灵 213
蒙古沙鸻 091
棉凫 028

N

牛背鹭 158

O

鸥嘴噪鸥 139

P

琵嘴鸭 036
普通翠鸟 187
普通海鸥 136
普通鵟 180
普通鸬鹚 148
普通秋沙鸭 049
普通燕鸻 128
普通燕鸥 142
普通秧鸡 069
普通夜鹰 061
普通雨燕 063
普通朱雀 272

Q

翘鼻麻鸭 025
翘嘴鹬 111
青脚滨鹬 119
青脚鹬 108
青头潜鸭 041
雀鹰 172
鹊鸭 047
鹊鹞 175

S

三道眉草鹀 276
三趾滨鹬 116
山斑鸠 058
山鹡鸰 259
扇尾沙锥 097
树鹨 265
双斑绿柳莺 232
水鹨 270

水雉 094
四声杜鹃 065
蓑羽鹤 077

T

田鹨 264
田鹀 280
铁爪鹀 274
铁嘴沙鸻 092
铜蓝鹟 257
秃鼻乌鸦 206

W

弯嘴滨鹬 124
苇鹀 285
文须雀 216
乌雕 169
乌鹟 252

X

西伯利亚银鸥 138
西秧鸡 068
喜鹊 204
小鹀鹀 053
小白额雁 019
小滨鹬 118
小黑背银鸥 137
小蝗莺 222
小鸥 132
小天鹅 023
小鹀 278
小嘴乌鸦 207
楔尾伯劳 202
雪雁 021

Y

崖沙燕 223
燕雀 271
燕隼 195
夜鹭 156
遗鸥 133
蚁䴕 188
疣鼻天鹅 022
游隼 197
渔鸥 134

鸳鸯 027
云雀 215

Z

泽鹬 107
针尾沙锥 095
针尾鸭 034
震旦鸦雀 234
中白鹭 162
中杓鹬 102
中华攀雀 212

中华秋沙鸭 051
珠颈斑鸠 060
紫背苇鳽 154
紫翅椋鸟 238
棕背伯劳 201
棕腹啄木鸟 189
棕扇尾莺 217
棕头鸥 129
棕头鸦雀 233
纵纹腹小鸮 182

英文名索引

ENGLISH INDEX

A

Amur Falcon 193
Arctic Warbler 231
Asian Brown Flycatcher 253
Asian Dowitcher 098
Asian Pygmy Goose 028
Asian Short-toed Lark 214
Azure-winged Magpie 203

B

Baer's Pochard 041
Baikal Teal 038
Band-bellied Crake 070
Bar-headed Goose 020
Barn Swallow 224
Bar-tailed Godwit 101
Bean Goose 015
Bearded Reedling 216
Black Drongo 199
Black Kite 176
Black Stork 146
Black-browed Reed Warbler 219
Black-capped Kingfisher 186
Black-crowned Night Heron 156
Black-faced Bunting 284
Black-faced Spoonbill 151
Black-naped Oriole 198

Black-necked Grebe 056
Black-tailed Godwit 100
Black-tailed Gull 135
Black-winged Kite 167
Black-winged Stilt 082
Blue-and-white Flycatcher 256
Bluethroat 246
Brambling 271
Broad-billed Sandpiper 122
Brown Shrike 200
Brown-cheeked Rail 069
Brown-headed Gull 129
Brown-headed Thrush 240
Buff-bellied Pipit 269

C

Carrion Crow 207
Caspian Tern 140
Cattle Egret 158
Chestnut Bunting 283
Chestnut-eared Bunting 277
Chestnut-flanked White-eye 235
Chinese Egret 164
Chinese Grey Shrike 202
Chinese Penduline Tit 212
Chinese Pond Heron 157
Cinereous Tit 211
Cinnamon Bittern 155

Citrine Wagtail 261

Coal Tit 209

Common Black-headed Gull 130

Common Coot 074

Common Crane 079

Common Cuckoo 066

Common Goldeneye 047

Common Greenshank 108

Common Hoopoe 185

Common Kestrel 192

Common Kingfisher 187

Common Magpie 204

Common Merganser 049

Common Moorhen 073

Common Pheasant 013

Common Pochard 040

Common Redshank 106

Common Rosefinch 272

Common Sandpiper 112

Common Shelduck 025

Common Snipe 097

Common Starling 238

Common Swift 063

Common Tern 142

Curlew Sandpiper 124

D

Dalmatian Pelican 165

Dark-sided Flycatcher 252

Daurian Jackdaw 205

Daurian Redstart 248

Demoiselle Crane 077

Dunlin 125

Dusky Thrush 243

Dusky Warbler 227

E

Eastern Buzzard 180

Eastern Curlew 104

Eastern Marsh Harrier 173

Eastern Spot-billed Duck 033

Eastern Yellow Wagtail 260

Eurasian Bittern 152

Eurasian Collared Dove 059

Eurasian Curlew 103

Eurasian Hobby 195

Eurasian Oystercatcher 081

Eurasian Skylark 215

Eurasian Sparrowhawk 172

Eurasian Spoonbill 150

Eurasian Tree Sparrow 258

Eurasian Wigeon 031

Eurasian Wryneck 188

Eyebrowed Thrush 239

F

Falcated Duck 030

Ferruginous Duck 042

Forest Wagtail 259

Fork-tailed Swift 064

G

Gadwall 029

Garganey 037

Glossy Ibis 149

Golden Eagle 171

Great Bustard 067

Great Cormorant 148

Sharp-tailed Sandpiper 121
Short-eared Owl 184
Siberian Blue Robin 244
Siberian Crane 075
Siberian Gull 138
Siberian Rubythroat 245
Siberian Stonechat 249
Smew 048
Snow Goose 021
Spotted Redshank 105
Spotted Dove 060
Streaked Shearwater 145
Swan Goose 014
Swinhoe's Snipe 096

T

Taiga Flycatcher 255
Temminck's Stint 119
Terek Sandpiper 111
Thick-billed Warbler 220
Tufted Duck 043
Tundra Bean Goose 016
Tundra Swan 023
Two-barred Warbler 232

U

Upland Buzzard 179

V

Velvet Scoter 045
Verditer Flycatcher 257
Vinous-throated Parrotbill 233
Von Schrenck's Bittern 154

W

Water Pipit 270
Water Rail 068
Watercock 072
Whimbrel 102
Whiskered Tern 143
White Wagtail 263
White-Breasted Waterhen 071
White-cheeked Starling 237
White-headed Duck 052
White-naped Crane 076
White-tailed Sea Eagle 177
White-throated Rock Thrush 250
White-winged Tern 144
Whooper Swan 024
Wood Sandpiper 110

Y

Yellow Bittern 153
Yellow-bellied Tit 210
Yellow-breasted Bunting 282
Yellow-browed Bunting 279
Yellow-browed Warbler 230
Yellow-legged Buttonquail 127
Yellow-rumped Flycatcher 254
Yellow-throated Bunting 281

Z

Zitting Cisticola 217

学名索引

INDEX OF LATIN NAMES

A

Accipiter nisus 172

Acrocephalus bistrigiceps 219

Acrocephalus orientalis 218

Actitis hypoleucos 112

Aerodramus brevirostris 062

Aix galericulata 027

Alauda arvensis 215

Alaudala cheleensis 214

Alcedo atthis 187

Amaurornis phoenicurus 071

Anas acuta 034

Anas crecca 035

Anas platyrhynchos 032

Anas zonorhyncha 033

Anser albifrons 018

Anser anser 017

Anser caerulescens 021

Anser cygnoid 014

Anser erythropus 019

Anser fabalis 015

Anser indicus 020

Anser serrirostris 016

Anthus cervinus 268

Anthus gustavi 266

Anthus hodgsoni 265

Anthus richardi 264

Anthus roseatus 267

Anthus rubescens 269

Anthus spinoletta 270

Apus apus 063

Apus pacificus 064

Aquila chrysaetos 171

Aquila heliaca 170

Ardea alba 161

Ardea cinerea 159

Ardea intermedia 162

Ardea purpurea 160

Ardeola bacchus 157

Arenaria interpres 113

Arundinax aedon 220

Asio flammeus 184

Asio otus 183

Athene noctua 182

Aythya baeri 041

Aythya ferina 040

Aythya fuligula 043

Aythya marila 044

Aythya nyroca 042

B

Botaurus stellaris 152

Bubulcus ibis 158

Bucephala clangula 047

Buteo hemilasius 179

Buteo japonicus 180
Buteo lagopus 178

C

Calcarius lapponicus 274
Calidris acuminata 121
Calidris alba 116
Calidris alpina 125
Calidris canutus 115
Calidris falcinellus 122
Calidris ferruginea 124
Calidris minuta 118
Calidris pugnax 123
Calidris ruficollis 117
Calidris subminuta 120
Calidris temminckii 119
Calidris tenuirostris 114
Calliope calliope 245
Calonectris leucomelas 145
Caprimulgus indicus 061
Carpodacus erythrinus 272
Cecropis daurica 225
Charadrius alexandrinus 090
Charadrius dubius 089
Charadrius leschenaultii 092
Charadrius mongolus 091
Charadrius placidus 088
Charadrius veredus 093
Chlidonias hybrida 143
Chlidonias leucopterus 144
Chloris sinica 273
Chroicocephalus
    brunnicephalus 129
Chroicocephalus ridibundus 130

Ciconia boyciana 147
Ciconia nigra 146
Circus cyaneus 174
Circus melanoleucos 175
Circus spilonotus 173
Cisticola juncidis 217
Clanga clanga 169
Clangula hyemalis 046
Corvus corone 207
Corvus dauuricus 205
Corvus frugilegus 206
Corvus macrorhynchos 208
Coturnix japonica 012
Cuculus canorus 066
Cuculus micropterus 065
Cyanopica cyanus 203
Cyanoptila cyanomelana 256
Cygnus columbianus 023
Cygnus cygnus 024
Cygnus olor 022

D

Dendrocopos hyperythrus 189
Dendrocopos major 190
Dendronanthus indicus 259
Dicrurus macrocercus 199

E

Egretta eulophotes 164
Egretta garzetta 163
Elanus caeruleus 167
Emberiza aureola 282
Emberiza chrysophrys 279
Emberiza cioides 276

Emberiza elegans 281
Emberiza fucata 277
Emberiza leucocephalos 275
Emberiza pallasi 285
Emberiza pusilla 278
Emberiza rustica 280
Emberiza rutila 283
Emberiza schoeniclus 287
Emberiza spodocephala 284
Emberiza yessoensis 286
Eumyias thalassinus 257

F

Falco amurensis 193
Falco cherrug 196
Falco columbarius 194
Falco peregrinus 197
Falco subbuteo 195
Falco tinnunculus 192
Ficedula albicilla 255
Ficedula zanthopygia 254
Fringilla montifringilla 271
Fulica atra 074

G

Gallicrex cinerea 072
Gallinago gallinago 097
Gallinago megala 096
Gallinago stenura 095
Gallinula chloropus 073
Gelochelidon nilotica 139
Glareola maldivarum 128
Grus grus 079
Grus japonensis 078

Grus leucogeranus 075
Grus monacha 080
Grus vipio 076
Grus virgo 077

H

Haematopus ostralegus 081
Halcyon pileata 186
Haliaeetus albiclla 177
Himantopus himantopus 082
Hirundo rustica 224
Hydrocoloeus minutus 132
Hydrophasianus chirurgus 094
Hydroprogne caspia 140

I

Ichthyaetus ichthyaetus 134
Ichthyaetus relictus 133
Ixobrychus cinnamomeus 155
Ixobrychus eurhythmus 154
Ixobrychus sinensis 153

J

Jynx torquilla 188

L

Lanius cristatus 200
Lanius schach 201
Lanius sphenocercus 202
Larus canus 136
Larus crassirostris 135
Larus fuscus 137
Larus smithsonianus 138
Larvivora cyane 244

Limnodromus scolopaceus 099
Limnodromus semipalmatus 098
Limosa lapponica 101
Limosa limosa 100
Locustella certhiola 222
Locustella lanceolata 221
Luscinia svecica 246

M

Mareca falcate 030
Mareca penelope 031
Mareca strepera 029
Melanitta fusca 045
Melanocorypha mongolica 213
Mergellus albellus 048
Mergus merganser 049
Mergus serrator 050
Mergus squamatus 051
Milvus migrans 176
Monticola gularis 250
Motacilla alba 263
Motacilla cinerea 262
Motacilla citreola 261
Motacilla tschutschensis 260
Muscicapa dauurica 253
Muscicapa griseisticta 251
Muscicapa sibirica 252

N

Netta rufina 039
Nettapus coromandelianus 028
Numenius arquata 103
Numenius madagascariensis 104
Numenius phaeopus 102

Nycticorax nycticorax 156

O

Oriolus chinensis 198
Otis tarda 067
Otus sunia 181
Oxyura leucocephala 052

P

Pandion haliaetus 166
Panurus biarmicus 216
Paradoxornis heudei 234
Pardaliparus venustulus 210
Parus major 211
Passer montanus 258
Pelecanus crispus 165
Periparus ater 209
Pernis ptilorhynhus 168
Phalacrocorax carbo 148
Phalaropus lobatus 126
Phasianus colchicus 013
Phoenicopterus roseus 057
Phoenicurus auroreus 248
Phylloscopus borealis 231
Phylloscopus fuscatus 227
Phylloscopus inornatus 230
Phylloscopus plumbeitarsus 232
Phylloscopus proregulus 229
Phylloscopus schwarzi 228
Pica pica 204
Picus canus 191
Platalea leucorodia 150
Platalea minor 151
Plegadis falcinellus 149

Pluvialis fulva 086
Pluvialis squatarola 087
Podiceps auritus 055
Podiceps cristatus 054
Podiceps nigricollis 056
Pycnonotus sinensis 226

R

Rallus aquaticus 068
Rallus indicus 069
Recurvirostra avosetta 083
Remiz consobrinus 212
Riparia riparia 223

S

Saundersilarus saundersi 131
Saxicola maurus 249
Sibirionetta Formosa 038
Sinosuthora webbiana 233
Spatula clypeata 036
Spatula querquedula 037
Spodiopsar cineraceus 237
Sterna hirundo 142
Sternula albifrons 141
Streptopelia chinensis 060
Streptopelia decaocto 059
Streptopelia orientalis 058
Sturnus vulgaris 238

T

Tachybaptus ruficollis 053

Tadorna ferruginea 026
Tadorna tadorna 025
Tarsiger cyanurus 247
Tringa erythropus 105
Tringa glareola 110
Tringa nebularia 108
Tringa ochropus 109
Tringa stagnatilis 107
Tringa totanus 106
Turdus chrysolaus 240
Turdus eunomus 243
Turdus naumanni 242
Turdus obscurus 239
Turdus ruficollis 241
Turnix tanki 127

U

Upupa epops 185

V

Vanellus cinereus 085
Vanellus vanellus 084

X

Xenus cinereus 111

Z

Zapornia paykullii 070
Zosterops erythropleurus 235
Zosterops japonicus 236

参考文献

柴子文，雷维蟠，莫训强，等，2020. 天津市北大港湿地自然保护区的鸟类多样性. 湿地科学，18：667.

段文科，张正旺，2017. 中国鸟类图志（上卷）：非雀形目. 北京：中国林业出版社.

段文科，张正旺，2017. 中国鸟类图志（下卷）：雀形目. 北京：中国林业出版社.

郭冬生，张正旺，2015. 中国鸟类生态大图鉴. 重庆：重庆大学出版社.

刘阳，陈水华，2021. 中国鸟类观察手册. 长沙：湖南科学技术出版社.

马克·布拉齐尔，2020. 东亚鸟类野外手册. 朱磊等，译. 北京：北京大学出版社.

莫训强，贺梦璇，孟伟庆，等，2020. 北大港湿地植被与植物多样性研究. 北京：海洋出版社.

王凤琴，陈建中，2008. 鸟类图志——天津野鸟欣赏. 天津：天津科学技术出版社.

约翰·马敬能，卡伦·菲利普斯，何芬奇，2010. 中国鸟类野外手册. 卢和芬，译. 长沙：湖南教育出版社.

张淑萍，张正旺，2002. 天津地区水鸟区系组成及多样性分析. 生物多样性，10：280-285.

郑光美，2017. 中国鸟类分类与分布名录（第3版）. 北京：科学出版社.

QUE P, MO X, HOLT P, et al, 2019. A summary of over forty new bird records from Tianjin Municipality, including two new records for China. Forktail J. Asian Ornithol. 35.